Pearson

/ 心理学经典译丛 /

[美]
巴里·J. 沃兹沃思
Barry J. Wadsworth
著

杨砚秋
译

皮亚杰认知和情感发展理论

Piaget's Theory of Cognitive and Affective Development

(Fifth Edition)

华东师范大学出版社
全国百佳图书出版单位
上海

图书在版编目(CIP)数据

皮亚杰认知和情感发展理论:第5版/(美)巴里 J. 沃兹沃思著;杨砚秋译.
—上海:华东师范大学出版社,2022
(心理学经典译丛)
ISBN 978-7-5760-3209-3

Ⅰ.①皮… Ⅱ.①巴… ②杨… Ⅲ.①皮亚杰(Piaget, Jean 1896-1980)
—心理学—研究 Ⅳ.①B84-069

中国版本图书馆 CIP 数据核字(2022)第161119号

心理学经典译丛
皮亚杰认知和情感发展理论(第5版)

著　　者　[美]巴里·J. 沃兹沃思
译　　者　杨砚秋

策划编辑　王　焰
责任编辑　曾　睿
特约审读　徐思思
责任校对　何宇边　时东明
封面设计　膏泽文化

出版发行　华东师范大学出版社
社　　址　上海市中山北路3663号　邮编　200062
网　　址　www.ecnupress.com.cn
电　　话　021-60821666　行政传真　021-62572105
客服电话　021-62865537
门市(邮购)电话　021-62869887
地　　址　上海市中山北路3663号华东师范大学校内先锋路口
网　　店　http://hdsdcbs.tmall.com

印 刷 者　青岛双星华信印刷有限公司
开　　本　16开
印　　张　12.75
字　　数　236千字
版　　次　2022年11月第1版
印　　次　2024年10月第3次
书　　号　ISBN 978-7-5760-3209-3
定　　价　49.00元

出 版 人　王　焰

上海市版权局著作权合同登记 图字:09-2018-201 号

前　言

重读本书第5版，我想起了和巴里·沃兹沃思的对话。那是在1981年的费城，距皮亚杰去世后大约9个月，我们在让·皮亚杰学会的年度研讨会上共进午餐。我们谈到了皮亚杰学会及其年度研讨会的未来，还有皮亚杰的总体思路。我们认为，再过一段时间，皮亚杰在美国心理学和教育学方面的强大存在感将开始下降。遗憾的是，介绍皮亚杰思想的文章和基于皮亚杰理论的研究数量骤减，这印证了我们的想法是对的。我们俩在午餐上讨论了9年之后，我在关于形式的可操控思维一章节写道，形式运算思想数据中的大部分不一致性“更多地来自美国化、机械化的发展方向，而不是结合或延伸皮亚杰自身的建构组织方向”(Gray, 1990, p. 227)。我对美国化、机械化发展方向的评论也可以概述为大多数关于皮亚杰思想的介绍性文本。而沃兹沃思的著作与我的不同，他试图捕捉皮亚杰思想的精神内核，以及这些思想对于儿童工作的一些潜在影响。如上不同之处有三：

首先，皮亚杰在他的著作中不断强调，人们一直强调认知和情感发展是一般生物适应的延伸(Piaget, 1936/1963, 1967/1971, 1975/1985, 1974/1980, 1976/1978)。遗憾的是，皮亚杰所强调的东西，往往体现在他最复杂的著作中，这些著作却不一定是大多数美国心理学家感兴趣的。因此，除了关于一般婴儿发展的书(Piaget, 1936/1963)之外，这些作品并未广泛用于皮亚杰思想的大多数介绍中。相比之下，沃兹沃思抓住了皮亚杰的观点，强调认知和情感发展是不断尝试适应和构建已知/理解世界的结果。就强调适应部分，沃兹沃思明确提出了这样一种观点，即当一种新的、更复杂的适应形式(即发展阶段)表现出来时，这并不意味着先前已有思想形式的损失、放弃、消除等，正如许多人所理解的皮亚杰思想。更确切地说，在适应这一框架下，所强调的是过往的思想形式被修改、整合并融入新的思想形式。

与其他介绍皮亚杰思想的文本相比，本书的第二个不同，也许是最有力的一点，在于它描述的是情感与各种思想形式的持续整合。在描述每种思想形式时，情感一直被强调的不是作为一个附加的单独主题，而是整体适应的一个整合方面，即我们所知的认知发展形式。这种认知和情感的不断整合所关注的重点，即皮亚杰的意图，那就是，心理适应是认知和情感的持续整合。

本书与大多数介绍皮亚杰思想不同的第三点，是强调建构主义这一观点，认为意义是由个人通过与环境互动而内化构建的，而不是从环境中被动地接受意义，这在大多数心理发展的机械论观点中得到了强调。这一关于意义是一种积极的建构而非被动接受的强调，贯穿所有章节。这种强调意义的积极建构以及如何由成年人培养促进，在第八章中最为明确，其中提出了关于促进道德推理和道德行为的讨论。在该章的最后部分，提出了几个促进道德推理和道德行为的指南。第一个指南侧重于儿童和成人之间的相互尊重而非专制关系。尽管使用了术语非专制，然而使用黛安娜·鲍姆林德于20世纪60年代在其关于养育方式的开创性工作中首次使用的术语权威可能更为恰当。鲍姆林德描述了父母与子女的各种风格和互动，以及儿童发展的各种风格产生的可能性结果。自鲍姆林德最初的研究以来，越来越多的研究（参见马克比·马丁，1983和斯坦伯格，2001，对这项研究的优秀评论）为沃兹沃思提出的促进道德推理、道德行为和一般认知发展的建构主义导向指南提供支持。当我第一次被要求为这本书重新写一篇前言时，我感到非常勉强，因为我觉得我没有当前的背景来提供恰切的前言。当我重读本书时，我很高兴巴里和他的编辑阿恩尼斯·柏威科夫斯的坚持不懈。重新阅读本书所带来的感受和智力上的兴奋让我想起了为什么我开始阅读皮亚杰，以及为什么我继续读他：他为我们如何以及为什么发展成为我们自己提供了非凡的见解。我期待本书所有读者都能得到与我相同的回应。

威廉·M. 格雷
托莱多，俄亥俄州
2003年2月18日

参考文献：

Gray, W. M. (1990). Formal operational thought. In W. F. Overton (Ed), *Reasoning, necessity, and logic: Developmental perspectives* (pp. 227-253). Hillsdale, NJ: Lawrence Erlbaum

Maccoby, E. E. , & Martin, J. A. (1983). Socialization in the context of the family: Parent – child interaction. In E. M. Hetherington (Ed), *Handbook of child psychology: Vol. 4. Socialization, personality, and social development.* (4th ed. , pp. 1-101). New York: John Wiley & Sons

Piaget, J. (1963). *The origins of intelligence in children* (M. Cook, Trans.). New York: W. W. Norton. (Original work published 1936)

Piaget, J. (1971). *Biology and knowledge: An essay on the relations between organic regulations and cognitive processes* (B. Walsh, Trans). Chicago: University of Chicago Press. (Original work published 1967)

Piaget, J. (1978). *Behavior and evolution* (D. Nicholson-Smith Trans.). New York: Pantheon Books. (Original work published 1976)

Piaget, J. (1980). *Adaptation and intelligence: Organic selection and phenocopy* (S. Eames Trans.). Chicago: University of Chicago Press. (Original work published 1974)

Piaget, J. (1985). *The question of cognitive structures: The central problem of intellectual development* (T. Brown & K. J. Thampy, Trans.). Chicago: University of Chicago Press. (Original work published 1975)

Steinberg, L. (2001). *We know some things: Parent-adolescent relationships in retrospect and prospect. Journal of Research on Adolescence*, 11, 1-19

序

本书是从《皮亚杰认知和情感发展理论》前四个版本发展而来的。它的目标与早期版本相同:将皮亚杰的理论以未失真的概念方式介绍给教育学或心理学的学生。虽然最早的两个版本主要侧重于介绍皮亚杰在认知或智力发展方面的工作,但第3版和第4版以及本版还审视了皮亚杰关于情感发展的广泛研究,这是一项在很大程度上被心理学家和教育工作者忽视的工作。过去几年皮亚杰理论最重要的发展,我也将其纳入。我的目标是帮助读者发现理解皮亚杰的更多作品。

皮亚杰为孩子们建构和获取知识描绘了一幅引人入胜的图景。这个概念基于皮亚杰60年来严谨的观察、思考和研究,堪称20世纪最具创造性和洞见的思想之一。科学家普遍认为,皮亚杰将心理学前沿思想的推进程度是前所未有的。很多教育工作者和儿童心理学家则认可是他引领我们对儿童发展有了全新且非常重要的理解。不管是什么样的专业职务,那些从事儿童工作(以及成人工作)的人如果理解孩子们是如何以及为什么做出某种行为的话,就会更加行之有效。皮亚杰与他的支持者对此做出了诸多贡献。

在早年作为小学教师从教期间,我对自己采用的教学实践有所质疑。我的直觉时常走向与同龄人和传统不同的方向。当我发现了皮亚杰的著作,我对儿童、教育过程以及我的直觉所契合的地方有了更好的理解。希望本书也能够给你类似的助益。

我于1969年着手研究皮亚杰的著作。当时在高校教书,我认为对于教育学和心理学的学生来说,了解皮亚杰思想是非常重要的。当我写作本书的最初版本时,皮亚杰开始成为美国心理学界和教育界的热词。时至今日,皮亚杰的理论已经不再是流行风尚,不再新潮,甚至被贬低为过了气的老生常谈,且不合时宜。我和其他人强烈认为,皮亚杰的理论在今天能够为心理学和教育学提供的内容与早年一样多。对我来说,皮亚杰的理论在当下与20世纪60年代一样令人振奋,它仍然是我思考和努力理解教育问题最有用的指南。它不是我唯一的指导,却是一个非常有价值的指导。

在过去的35年里,我对皮亚杰理论的理解(或者说我的建构)发生了变化(亦可说发展）。皮亚杰的理论已经发生了变化，正如所有理论一样，皆会如此，也一定是如此。对我在20世纪70年代所做并致力于刊印的一些解释感到尴尬，但当我意识到根据自己当时的理解，它们合情合理时，我又振奋了一些。如果我对皮亚杰理论的理解（我的建构）得到了改善，那么我目前的解释应该更加有根据且有效。诚如皮亚杰让我们所相信的那样，知识的建构正是如此。

20世纪60年代到70年代期间，绝大多数的皮亚杰主义者专注于认知发展，将其等同于智力发展，然而我们错了。皮亚杰告诉我们，智力发展不仅仅是认知的发展，但我们没有采纳他的见解。皮亚杰始终认为，除了认知之外，智力发展还有情感成分、社会成分和伦理或道德成分。

本书结构

不了解皮亚杰作品的读者遇到的困难之一，是他用来将行为概念化的独特概念有很多。在理解他的作品之前，有必要先了解这些概念。引言提供了一个简短的历史概述，包括皮亚杰的传记和对其研究方法的讨论。第一章介绍了皮亚杰所有作品中的四个核心概念：图式、同化、适应和平衡。第二章论述了智力的组成部分和影响其发展的因素、三种知识类型、皮亚杰理论的发展水平和情感发展。

第三章到第六章分别涉及认知和情感发展的四个层次。第七章讨论了认知和情感发展与青少年行为的关系。第八章总结了前几章的内容，并讨论了皮亚杰作品对儿童培训和教育的广泛影响。

第九章讨论了皮亚杰的建构主义概念与数学教育、阅读和写作教学以及学习障碍领域的关系。

本书以前的版本被批评为没有包括更多的研究内容，并且也没有对那些可能已经超越皮亚杰的理论家（新皮亚杰主义者）的著作进行评论。在决定本版的内容时，我没有选择像大型教科书那样涵盖所有内容，而是将重点放在让·皮亚杰的核心理论上，该理论作为一种强大而实用的智力发展观点，经受住了时间的考验。此外，我还试图解决我认为在理解核心理论方面普遍存在的缺陷，并使之清晰简明。

在讨论教育实践时，由于认识到指导建构主义实践的原则在不同的内容领域并无差异，我在最后一章中只讨论了我认为实践最需要反思和修正的数学、阅读和写作教学。我希望对皮亚杰的理论和建构主义原则的理解，能激起读者进一步求索。知识的建构是永远不会完结的。这本书（或任何书）都只能是一个开始。

目　录

引　言

让·皮亚杰在大学期间所受的教育和培养，属于自然科学领域。起初，他的主要兴趣是生物学。在他职业生涯的早期，他开始对儿童的智力发展感兴趣，并用余生60年进行了大量有关智力发展的研究。他在智力如何发展上提出了详尽而全面的理论。①

在美国，提到皮亚杰，人们主要会认为他是一个儿童心理学家和教育家。严格说来，他两者皆不是。他的著作并不像心理学家那样直接关注行为的预测，也并没有直接关注如何教育儿童。他更倾向于被归类为遗传认识论者。② 他的著作主要涉及以非常系统的方式，来描述并解释智力结构以及知识的增长和发展。毫无疑问，他的著作对教育学和心理学产生了巨大的影响，无论是在美国，还是在其他国家和地区。皮亚杰出版物的原稿皆用法语写成，书籍逾50部、文章逾百篇，历经多年，跨越大西洋，被引介至美国。直到20世纪60年代，皮亚杰的作品和概念才在美国的教育学界和心理学界中迅速传播。拉贝特（L'Abate）1968年的引文频率研究③，可以衡量皮亚杰作品对美国思想的影响力。拉贝特在20世纪50年代和60年代对儿童发展领域的期刊和教科书的搜索中发现，皮亚杰是被引用次数最多的作者。本书作者于1979年进行的另一项最新研究与拉贝特的研究相似，也发现皮亚杰是被引用次数最多的作者。

三种类型的心理学理论

心理和教育思维主要分为三个流派，每个流派都基于一组不同的假设形成了理论立场（Langer 1969；Kohlberg and Myer 1972）。每个理论立场的假设，构建了其核心。

---

①本书中智力和精神两个术语可以切换使用。

②遗传认识论是一门关于如何获取知识的科学。

③针对《儿童发育》（1950—1965）和《遗传心理学杂志》（1957—1958）（1960—1965）两本杂志以及有关儿童发展的12本流行和最新的教科书进行了搜索。

每个流派演化出关于“孩子”的不同概念。每个流派对“育儿”方式各有不同的建议。这里概述了三个广泛的理论立场，即浪漫主义—成熟主义、文化传播—行为主义和进步主义认知发展(Kohlberg and Mayer—1972)。

浪漫主义—成熟主义

浪漫主义起源于让－雅克·卢梭(Jean-Jacques Rousseau)的著作。它主要是成熟主义的发展观。经验或环境仅在通过为“自然”生长的生物体提供必要的营养而影响发育的情况下才重要。遗传上预先决定的阶段被视为自然发展阶段：可以被固化或由经验所确定，但发育过程被假设为是先天的、内在的、遗传的或遗传预先决定的。诸如弗洛伊德和蒙台梭利这样的成熟主义者认为，来自孩子内在的东西是发展的最重要方面。因此，教学(教育)环境应足够宽容，以使内在的“善”(能力和社会美德)得以彰显，而内部的“恶”得到抑制(Kohlberg and Mayer 1972)。因此，孩子这个概念被比作植物。它从种子开始，并且它可以进化的所有特征都是预先确定的，包含在种子中。植物的生长需要阳光、空气和水(良好的环境)，但是除了扭曲、阻碍或使生长最大化之外，环境因素不会对植物的主要特征产生重大影响，即对个体生长影响最大的是内在因素。

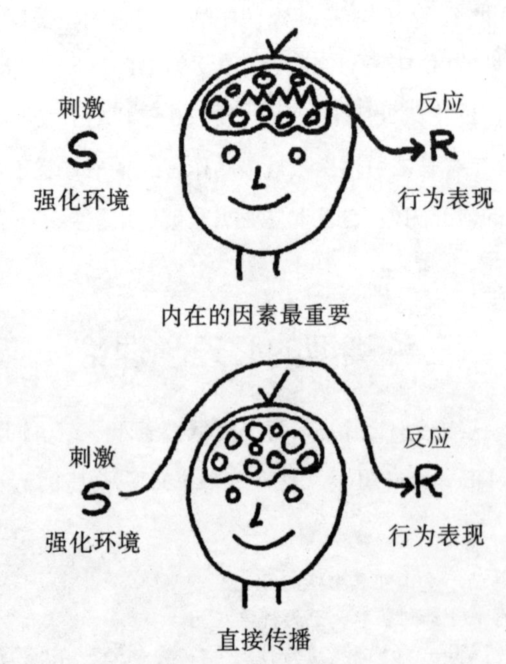

文化传播—行为主义

在美国和大多数西方社会中实行的传统教育植根于这样一个概念，即教育工作是将信息、技能和文化价值观直接传播给儿童。在苏联，这个概念在历史上一度被纳入制度，成为一项明确的国家政策。

文化传播学派所理解的发展，是将思想视为机器。① 环境输入和行为输出是存在的，但这个概念暗示了有机体与自身发展无关。环境被假定是发展的原因。这种机械发展观的基础是刺激和反应以及强化等关联概念，它们源于约翰·洛克(John Locke)、伊万·巴甫洛夫(Ivan Pavlov)、约翰·华生(John Watson)、桑代克(A. H. Thorndike)和最近的斯金纳(B. F. Skinner)的相关著作。孩子的思维、道德价值观和情感的发展被认为是在环境(强化)控制下明确且具体习得的。

当下基于文化传播基本原理的教育革新，就是教育技术和行为修正。② 这些观点认为，外部经验(或强化)对塑造或确定学习与发展的过程至关重要。一般认为，成熟或遗传决定因素意义不大。

文化传播—行为主义的模式认为，儿童只能通过直接指导来学习。教师应该教育儿童。教师(或父母)控制那些对特定孩子奏效的强化因素，并基于学习所需反应来接收强化，这是最有效的执行方式。学习动机被视为外部因素。

进步主义认知发展

就进步主义对学习和发展的概念而言，成熟过程和环境都是核心(尽管环境和成熟过程的重要性与其他两个模型的构建完全不同)。这是一种相互作用论者的观点，

①依据我作为心理学和教育学教师的经验，我发现许多学生拒绝文化传播—行为主义的概念，纯粹是出于情感基础。将自己视作“机器”，甚至是机器似的，这样的观念让学生们感到困扰。尽管本书的立场在很大程度上与行为主义的发展观两相对立，但必须提醒大家的是，不要纯粹出于情感原因而拒绝某种思想。当然，人们拥有这样做的理由，并且从某种角度来看，这样做是有根据的，它的确是个没有考虑到“感觉”(影响)的错误。但是，这种拒绝并非基于以下问题在心理学上的对与错，即人类是不是一部“机器”、遗传图谱或参与其自身发展的独特有机体。

②教育技术实际包含的内容比听上去的要多。基本上可以说，教育技术是将技术革新的成果应用于教育实践。这包括诸如电脑辅助的指导、教学机器、程序、电视以及其他视听设备等。这些技术所基于的假设通常与文化传播学的学习概念相同。

行为修正是将强化技术应用于教育或治疗实践。行为修正一词具有误导性，因为它涉及许多技术领域中的特定技术。确实，无论他们使用与否，教育中的所有人，无论使用何种技术，都参与修正行为。

心理发展被视为有机体(儿童)与环境相互作用的产物。这个观点最初是由柏拉图(Plato)提出的,随后在20世纪初由约翰·杜威(John Dewey)重提,最近海因茨·沃纳(Heinz Werner)、列夫·维果茨基(Ley Vygotsky)和让·皮亚杰再次提及。① 儿童既不被视为成熟过程的产物,也不被视为完全受外部因素控制的机器。这个孩子是科学家,是探险家,也是探究者。他或她在建构和组织世界及其自身发展中至关重要。② 学习和发展的动机主要是内部的。

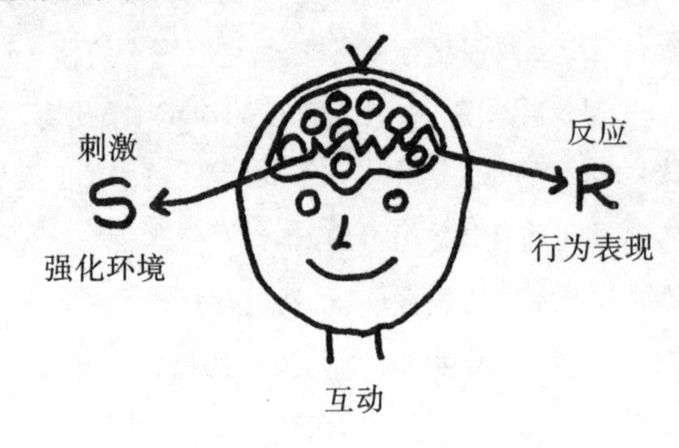

传 记

让·皮亚杰的一生献给了学术和辛勤工作。他于1896年出生在瑞士纳沙泰尔。据他自己确认,他是一个聪明早熟的儿童。10岁时,他发表了他的第一部作品,是关于他在一个公园里观察到的局部白化麻雀。在某种程度上,皮亚杰的努力方向和严谨性在他早年间就已经形成了。15岁那年,他决定将自己的研究工作转向生物学解释方面的知识,这一目标清楚地体现在他后来的工作上。

1915年,年仅18岁的皮亚杰从纳沙泰尔大学获得学士学位。三年后,他从该学校获得了自然科学博士学位。他的大部分研究都涉及哲学和生物学。在此期间,他研究

---

①显然,皮亚杰并不是唯一一位在该领域从事发展心理学工作的人。近年来,其他数百人也做出了重要贡献。然而,如果除去海因茨·沃纳和列夫·维果茨基,皮亚杰60多年的研究在广度和所产生的具有凝聚力的理论上,独树一帜。

②先前,曾有人提出需要警惕基于情感原因对心理学理论的排斥。同样,人们也需要警惕,不要因为情感原因而接受心理学理论。我的经验是,大多数人喜欢皮亚杰理论。他们喜欢皮亚杰描绘的图景。同样,这不能证明论断的正确与否,也不是接受一个理论的充分逻辑依据。然而毫无疑问的是,对老师来说,喜欢和适应他们使用的任何东西都很重要。在我们的评估中,情感性(喜欢和不喜欢、感觉、兴趣)是有作用的。

了纳沙泰尔周围许多湖泊中软体动物的发育。他对软体动物如何适应从一种环境转移到另一种环境感兴趣。他发现软体动物的外壳结构受到激荡或平静的湖水的影响，外壳结构随着环境的变化而变化。到21岁时，他已发表了25篇专业论文（主要涉及软体动物），被认为是全球为数不多的软体动物专家之一。

他在生物学方面的大量研究工作使他得出结论，生物的发展不仅取决于成熟（和遗传），还取决于环境的变化。他在某些软体动物的连续几代中观察到某些结构变化，这些变化只是缘于从具有大量波浪作用的大型湖泊迁移到了具有很少或没有波浪作用的小型池塘。这些观察结果使皮亚杰相信生物发展过程是适应环境的过程，单靠成熟是无法解释的（Piaget 1952b）。这些经验和信念启发了皮亚杰后来的观点，将心理发展视为适应环境的主要过程，也是生物发展的一部分。①

皮亚杰早早地就完成了从生物学到哲学，最终到心理学的转向。1918年，他时年21岁，发表了一篇论文，出版了一本书，这似乎是这种转变的证据，并揭示了一些基本信念，这是他后来关于智力发展的研究的基础。其中之一是一篇简短的论文——《生物学与战争》；另一个是自传小说《求索》（Recherche）②。

皮亚杰在《生物学与战争》中审视达尔文派和拉马克派的立场并表达了反对，这两派认为出于生物学原因，战争是不可避免的。皮亚杰认为，人类的发展和对理解的努力使人类朝着合作与利他主义的方向发展，因而能脱离战争。这一立场是皮亚杰后来提出的"发展是生物个体与环境之间相互作用的过程"的早期陈述。

《求索》将皮亚杰在科学和信仰上的奋斗小说化，还涉及了女权主义在内的许多社会问题。这本书描述了其转折点，格鲁伯（Gruber）和冯内齐（Vonèche）（1977）解析道：

> 然后就是"耀眼的发现"："科学赋予善与恶以知识。"它可以解释一切，但对价值却无能为力。能解释价值的是信念。信念并不是知识，而是行动。信念和知识之间的矛盾因此得到解决。寻索的最后阶段是重建：科学赋予世界法则，信念是其动力。（p.43）

---

①心理发展作为一种生物学意义上的适应形式，是皮亚杰富有革命性的也是最重要的概念之一，将在本书第二章中予以讨论。

②Recherche，翻译为搜索（Search）或研究（Research）。这两种出版物都可以在格鲁伯和冯内齐（1977）的《皮亚杰典藏》（*The Essential Piaget*）中找到。

关于探求理解人类智力发展，皮亚杰通过探讨人类发展中智力（科学、知识）和价值观或情感（信念）的地位来解决科学与信念之间的冲突。同样，这个主题在皮亚杰的理论中起着核心作用，正如我们在接下来的章节中所看到的那样。1918 年，皮亚杰还完成了生物学博士学位，并转向心理学。他已经确信哲学存在严重的局限性。他最关心的是，如果没有实验性工作，哲学的解决方案就无法得到验证。几年来，他一直在阅读心理学领域的内容和上心理学的课程，并且他对该领域越来越感兴趣。1919 年，他去了苏黎世，在那里，皮亚杰在心理诊所学习和工作，使自己沉浸在心理实验中。1919 年下半年，他去了巴黎，在索邦大学度过了两年。在巴黎期间，他有机会在比奈（Binet）的实验室（一所小学）工作，进行了多项标准化测试。① 起初他并不热心，而孩子在测试中给出的错误答案让他有了兴趣，此后不久，他努力研究儿童反应背后的推理过程。

皮亚杰发现了他的研究兴趣。他坚信可以通过研究儿童的思维和推理来实验研究他们的智力发展。两年来，他持续测试孩子，检验他们思想的发展。

> 最后，我找到了自己的研究领域。首先，对我来说很清楚，可以通过对逻辑运算[逻辑推理]背后的心理过程进行分析，来实验性地研究整体与局部之间的关系理论。这标志着我的“理论”时期的结束，以及在心理领域一直想进入的归纳和实验时代的开始，而直到那时我才发现合适的问题。（Piaget 1952b, p.90）

1921 年，年仅 24 岁的皮亚杰被授予日内瓦 J. J. 罗素研究所的研究主任职位，这一职位被证明是他研究的理想环境。他上任所做的研究没有改变，即对儿童心智发展的研究。皮亚杰在此问题上的研究和撰写工作占据了他之后 60 年的大部分专业工作。

皮亚杰在 30 岁时就以研究心理学而闻名。② 这些年来，他进行了不断的研究，并在日内瓦大学任教。他是一位多产的作家，出版了数十本书和发表了数百篇期刊文章，其中许多是与他在日内瓦召集的同事们一起发表的。他将自己的大部分成果归功

---

①比奈被认为是智能测试的始祖。他开发了比奈智力测验，从中得出了斯坦福—比奈智力测验的当前形式。

②《儿童的语言和思想》以及《儿童的判断和推理》（均为 1924 年）是皮亚杰最早的心理学书籍，尽管他早些时候在该领域发表了许多论文。

于多年来与他合作的人。

皮亚杰是一位孜孜不倦的研究者。直到1980年84岁的他去世为止，他严格地遵循着自己安排的严苛的工作时间表。每个学年结束的夏天，他都会收集当年的研究成果，并前往阿尔卑斯山的一所废弃农舍。整个夏天，皮亚杰过着近乎与世隔绝的生活，写作和散步，他行踪不定，只有几个朋友和他的家人知道他的行迹。夏天过后，他带着一两本新书和几篇文章从山上回到"尘世"之中(Elkind, 1968)。

皮亚杰可以说蜚声世界。他先后获得了哈佛大学(1936年)、索邦大学(1946年)、布鲁塞尔大学(1949年)、巴西里约热内卢大学(1949年)以及哥伦比亚大学(1970年)的荣誉学位。1969年，他凭借对心理学无与伦比的贡献，成为第一位被美国心理协会提名的欧洲心理学家。他在有生之年，多次访美，向美国同仁讲授儿童发展和教育的内容。

在1955年，在洛克菲勒基金会的赞助下，国际遗传认识论中心在瑞士日内瓦落成。该中心每年都会授予数位杰出学者赴日内瓦访学以及与日内瓦学者群共同研究的资格，在皮亚杰周围成长起来的美国学者，已经在该计划下学习。皮亚杰始终坚持认为，从跨学科的角度追寻和获取知识是最好的方式。因此，在中心工作的学者是来自多个领域的专家：物理学、生物学、数学和语言学以及心理学和教育学。

不论时间会证明皮亚杰的基本假设正确与否，在过去的70年中，他的作品比其他心理学家的作品能够激发人产生更多的兴趣和研究。

研究方法

皮亚杰是一位发展心理学家，他关心的是揭示人从出生到青春期在认知或智力功能上的个体发育(ontogenetic)①变化。他的作品在美国获得广泛关注花了很长时间。除了它们是用法语写作的事实之外，其原因很大程度上与他的理论和研究方法的性质有关。他使用的概念和他的"实验"方法在美国并不容易被接受。

在美国，心理学有很强的行为主义传统。诸如桑代克、托尔曼(Tolman)、华生、赫

①个体发育是指个体发生的发育变化。

尔(Hull)、斯彭斯(Spence)和斯金纳之类的理论家主导了这一领域,他们主要都对刺激—反应关系和强化概念感兴趣。传统上,行为主义学派的美国心理学家没有推断出(思想的)内部心理过程存在。

诸如同化这样的皮亚杰式概念,对行为主义者而言是全然陌生的。皮亚杰并没有仅仅根据刺激和反应就对行为下概念,并且他没有使用强化的观念来解释一切。皮亚杰主义的一些重要概念(在第一章中有说明)是图式、同化、顺应和平衡。同样,皮亚杰确实推断出了内部心理过程的存在。在20世纪50年代和60年代,许多美国心理学家很难掌握这些概念。

在美国,心理学的实验研究通常涉及假设检验、对实验变量的严格控制,以及用复杂的统计程序处理数据。皮亚杰的大部分研究都不是以这些方式进行的实验。他在研究中通常不采用复杂的统计方法来检验假设或使用控制组。在巴黎比内特诊所工作期间,皮亚杰发展了一套临床描述性技术,成为其著作的标志。这主要是指向个别儿童提出精心挑选的问题,并记录下他们的回答和他们给出这些回答的理由和推理。在其他情况下,数据只不过是对婴儿行为的观察。美国心理学家很难认为这些技术是实验性的,因为皮亚杰的方法与美国的实验心理学没有什么相似之处。皮亚杰的工作主要是观察,尽管它总是有系统的,并且他的分析非常详细;目的是检测智力功能的发展变化。

皮亚杰在与儿童谈话时,经常让直觉引导自己。在临床方法中,任何两个儿童都不一定在同一环境中被问到相同的问题。而实际上,没有两个孩子接受过相同的实验流程。《儿童的世界观》(*The Child's Conception of the World*, 1929)是皮亚杰巧妙选择问题的一个典型范例。这本书没有统计表,而且样本量很小。皮亚杰有两本书①的主要信息来源是对他自己的三个孩子的观察,这三个孩子出生于1925年至1931年之间。这些细致的观察使他认识到早期感觉运动动作与后来智力发展之间的关系。从这些对多年来行为的极其完整和细致入微的描述中,他得出了关于人从出生到2岁的智力发展的主要结论。这种类型的研究受到了严厉的批评,因为样本量小,也因为它不被认为是实验性的。如果我们接受皮亚杰理论中隐含的假设,即智力结构的一般发展过程在所有人身上都是一样的,那么这些批评的重要性就会削弱。如果一个人的研究目

①《儿童时期的游戏、梦想和模仿》(1951年)和《儿童智力的起源》(1952年)。

的是揭示发展过程是什么样的，并且如果皮亚杰的假设是正确的，原则上可以通过在必要的时间内仔细检查（观察）一个孩子来准确确定发展过程。从本质上来说，这其实是对一个实验主体的纵向深度研究，在这种观点之下，研究样本的规模变得并无意义①。大多数人都同意，使用皮亚杰使用的纵向研究方法有相当大的好处。虽然他经常只是观察少量的儿童，但他对同一实验对象的观察有时长达数年之久。

虽然皮亚杰的许多早期研究工作可以被看作是观察性的、直觉性的、采用非实验性程序和使用小规模样本的研究，但他的研究却如大多数心理学家所希望的那样严谨。《儿童逻辑的早期成长》（1964 年）和《知觉的机制》（1969）仔细记载了统计结果和可观的样本量。《从童年到青春期的逻辑思维的成长》（1958）中记载的材料是基于对 1500 多名实验对象的测试。

人们对皮亚杰的研究方法提出了许多批评，但没有人质疑他的研究方法是系统的、严谨的、具有洞察力的，而且对许多人来说是引人注目的。皮亚杰的主要技术是对儿童的行为进行系统的观察、描述和分析。这种方法主要是为了发现儿童所使用概念的性质和发展水平，而不是为了制造发展的规模。皮亚杰为他的研究方法进行自辩，他的理由是因为对于他所希望回答的问题来说，这些研究方法是最合适不过的。

皮亚杰和维果茨基

近年来，皮亚杰的理论因没有认识到社会和文化因素在智力发展中的重要性而受到（不正确地）批评。许多人转向俄罗斯心理学家列夫·维果茨基（Lev Vygotsky，1896—1934）的工作，以填补一些人认为的皮亚杰工作中的致命空白。皮亚杰的观点在这一发展过程中没有得到正确的理解是不幸的，但也是可以理解的[齐默曼（Zimmerman）1993；莱斯特（Lester）1994]。尽管如此，维果茨基的著作已经被提出来与皮亚杰的著作进行比较，我相信皮亚杰本人会认为这是健康的，并提供了一个机会来修正这两种理论可能存在的误读。因为皮亚杰和维果茨基经常被对比，而且经常被误读和误解，所以我将强调我对两者之间的一些共识和分歧点的理解，并希望尽量减少我

①大量证据表明，所有人的认知发展过程基本上都是一样的，只有一些反映文化的差异[参考达森（Dasen）1977 对该主题研究的回顾]。

自己的误读和误解。如果这本书是你第一次接触皮亚杰的理论,你可能会希望在读完其余部分后再回到以下段落。

如果两位杰出的理论家能够对谈交流思想见解,那么有一些困惑和误解必将得到缓解。尽管两位学者是同时代的人,维果茨基的相对早逝(1934)使得两者的对谈毫无可能。两者的学术见解不同之处甚多,但是他们也有许多共识。两人都认为知识是适应性的,是个人构建而成的,也都认为学习和发展是自我调节的。尽管他们对知识构建的过程持有不同见解,他们都认为发展中的/学习中的儿童必须是积极的,而且发展/学习并不是自动的。

皮亚杰和维果茨基都关注智力发展,但是两者所探索的问题和疑点是不同的。皮亚杰的主要研究兴趣在于知识是如何形成或者构建起来的。他的理论是一种发明或构建的理论,它发生在个人的头脑中。维果茨基关注的则是社会和文化因素如何影响智力发展的问题。维果茨基的理论是一种从文化到儿童的知识传递理论。它的核心是关于个人如何与更有知识的社会动因(教师、同伴)互动,构建并内化社会动因所拥有的知识。当然,皮亚杰并不认为这种直接传递是可能的;他认为儿童通过个人对现有社会知识的建构来获得自己版本的知识。他认为个人的建构必然是独特和不同的,尽管在经过许多次的不平衡和随后的进一步建构或重建之后,通常会接近文化的构建。

皮亚杰和维果茨基都相信发展和学习,尽管在此达成共识,他们对两者之间关系的看法并不相同。皮亚杰认为,发展水平限制了在某一特定时间点可以学到的东西以及对该学习的可能达到的理解程度。另一方面,维果茨基认为,对文化模式化概念的学习导致了发展。因此,对维果茨基来说,学习是智力发展的动力,而对皮亚杰来说,发展才是动力。

维果茨基区分了他所谓的实际发展区间和近似发展区间。实际发展区间"是学生有能力独立解决问题的水平。近似发展区间是学生在支持下能够解决问题的水平"[莱斯特(Lester) 1994, p.4]。也就是说,通过他人的知识示范和社会互动,学生可以学到他们靠自己无法学到的东西。皮亚杰的理论并没有这样的区间概念。

皮亚杰认为新的构建总是建立在先前的构建之上,并且,在不平衡的情况下,推进先前的构建总是可能的。两位理论家都认为发展和学习可以被推进。他们的分歧似

乎更多在于学习和发展到底是如何发生的，而不是在于到底什么是可能的。

对于维果茨基来说，社会因素对于智力的发展起着根本作用。当存在于文化中的外部知识被孩子内化（或者说构建），智力的技能和功能会被刺激发展。因此认为学习导致发展。而皮亚杰则充分意识到社会因素在智力发展中的作用。社会互动被认为是认知冲突的其中一个来源，因此是不平衡的，从而导致发展。此外，社会互动被认为是构建社会知识的必要条件。

两人之间最尖锐的分歧见之于他们对语言在智力发展中的作用的看法。对维果茨基来说，从社会环境中习得语言会使思维和推理得到质的提高，或者说是智力得到了发展。皮亚杰认为口语是符号功能（使用符号表示的能力）的一种表现形式，它反映了智力发展，但并不产生智力发展[弗勒（Fowler）1994]。皮亚杰最多认为语言是智力发展的促进因素，但最终不是智力发展的必要条件。“对皮亚杰来说，语言反映了智力，但并不产生智力。推进到更高智力水平的唯一途径并不是通过语言，而是通过行动”（弗勒 1994，p. 8）。

这两种理论对教育的影响在某些方面是不同的。尽管皮亚杰和维果茨基都认为知识是一种个人结构，但维果茨基认为所有的个人结构都是以社会因素为中介的。也就是说，教师和教学计划必须对知识进行示范或解释。那么，儿童就会从所示范的内容中构建自己的内化知识。儿童并没有发明，而是在很大程度上“复制”社会上的东西。这被看作是一个从文化（教师）到儿童的传播过程。因此，除其他事项外，教师的工作是准确地规范化知识。

另一方面，皮亚杰认为知识的建构纯粹是儿童个体的事。社会因素通过认知冲突影响个人的不平衡，并发出信号说要进行构建。在维果茨基看来，知识的实际构建并不是以社会环境为中介的；它不是从一个模型中复制出来的。先前的知识是在社会引起的不平衡的情况下重新构建的。因此，皮亚杰的理论认为知识是个人发明而不是传播。教师的作用被视为主要是鼓励、刺激和支持探索和发明（构建）。皮亚杰（1973）写道：

> 显而易见，教师作为组织者，在创造情境和构建最初的策略、向儿童提出有用的问题方面仍然是不可缺少的。其次，他需要提供反面的例子，迫使人们反思和

重新考虑过激的解决方案。我们所期望的是，教师不再是一个满足于传递现成解决方案的讲师；他的角色应该是一个激发主动性和研究的导师。（p.16）

在皮亚杰的概念体系中，儿童可以在构建中使用所有的信息来源和形式。儿童可以积极地听讲座或阅读，并将得到的信息用于构建。这个过程不是重新创造模型，而是发明模型。

对皮亚杰和维果茨基来说，课堂环境需要社会互动，但原因不同。对皮亚杰来说，与同龄人和成人（特别是同龄人）的互动，以及各种形式的批评和讨论，是必要的不平衡的来源。对维果茨基来说，社会环境是构建模型的来源。它是社会构建知识的来源，为儿童的构建提供模型和中介。对维果茨基来说，学习和发展受制于这些模型，当然也受制于儿童的动机。

尽管对皮亚杰和维果茨基的比较显示出显著的差异，但他们的相似之处更为突出。他们都是明显的建构主义者。他们都认为知识是一种自我调节的构建。他们都认为社会互动具有重要作用，尽管对其产生作用的原因观点不同。在许多方面，他们的工作是一致的。

第一章　智力的组建与适应

皮亚杰所构想出的智力发展体系深受其早年作为生物学家时的训练和工作经历的影响。作为一位生物学家,他对软体动物与环境的相互作用有着鲜活的认识和印象。与其他一切有机生命体一样,软体动物不断地在适应环境条件的改变。

基于这项早期工作,皮亚杰开始认为生物行为是**适应**(adaptation)物质环境的行为,并有助于**组建**(organize)环境。他也开始相信,身心并非彼此独立运作,且心理活动亦依从生物活动通常所遵循的法则。这使他在构想智力发展各种方式时,采用了与生物发展大致相同的概念。他将智力行为视作对环境的**组建**和**适应**行为。这不意味着心理行为都可以完全归结于生物功能,但生物发展的概念有助于审视智力的合理发展。事实上,皮亚杰坚称,认知发展的基本原则与生物发展的基本原则相同。皮亚杰并未将组建和适应视为彼此独立的进程。

> 从生物学的视角出发,组建和适应两者是不可分的。是单一机制中的两个互补进程,组建是循环的内部方面,适应则构成外部方面。(Piaget 1952c, p.7)

对于皮亚杰而言,智力活动无法与生物体的整体功能分开。基于此,他将智力功能视为生物活动的一种特殊形式(1952c, p.42)。智力和生物活动都是生物体适应环境和组建经验的整个过程的一部分。

要理解皮亚杰对于智力组建和适应进程的观点,必须掌握四个基本的认知概念:**图式**(schema)、**同化**(assimilation)、**顺应**(accommodation)和**平衡**(equilibration)。这些概念用于解释认知发展发生的方式和原因。

图　式

皮亚杰认为心理与身体一样都有结构。所有动物都有胃,这种结构使得进食和消化成为可能。为了帮助解释人们对刺激做出相对稳定反应的原因，并解释许多与记忆相关的现象，皮亚杰采用了图式这个词。图式即个体在智力上适应和组建环境时所凭借的认知或心理结构。作为结构，图式是生物的适应手段在心理层面的对应。胃是动物用于适应其所在环境的生物结构。与之大致相同，图式是适应并随心理发展改变的心理结构或心理过程。作为身体的器官，胃是真实的实体。图式并不是物质的实体；它们被视为神经系统内的历程。因此，图式不存在物质的对应物，且不可视。它们是被推理出存在并被恰当地称为假设的构想。①

图式可以简单地被视为概念或范畴。另一个类比是好像索引档案，其中每个索引卡都呈现一个图式。成年人有很多索引卡或图式。这些图式用于处理和识别，或将传入的刺激进行分类。通过这种方式，生物体能够区分刺激事件并概括。孩子刚出生时，只有很少的图式（存档卡片）。随着孩子的成长和发展，他或她的图式逐渐变得更加有概括性，类别区分更加细致，更加"成熟"。

图式的变化永不停歇，或者说越变越精细。事实上，成年期的图式源于童年早期的图式。如果你愿意的话，也可以将图式理解为图片，即一个孩子脑海中的索引档案。出生时，索引档案只包含几张大卡片，上面写着一切。随着孩子的发展，需要更多的卡片来容纳不断变化的分类。举例来说，请想象一对父子走在乡间小路上。父亲看着附近的一片田野，发现了一只成年人称之为奶牛的动物—— 一个约翰从未见过的动物。他对儿子说："约翰，看那只动物。它是什么？"约翰看着田野，看到了奶牛。我们几乎

①这些构想（比如图式、智商、创造力、天资、动机和本能）是不可能被直接观察到的，它们是被推断出其存在的概念或"事物"。此类构想的清单可以无穷无尽。心理学研究的一项主要活动是试图阐明这些构想的本质并验证它们的存在。

能看见约翰的小脑瓜里思维的车轮滚滚飞奔。经过一段时间的思考，约翰说："一只狗。"假设约翰如实作答，我们可以如此推断：约翰向外望去，看到了一头奶牛。面对这种"新"的刺激时，他试图根据他的卡片档案中的卡片，对刺激进行安排或分类。就约翰"档案"中的条目来看，刺激（奶牛）最接近约翰的狗的图式，因此，他将该对象识别为狗。

在皮亚杰的术语中，我们可以说孩子有很多图式。这些图式类似于档案中的概念、条目或卡片。面对刺激，孩子试图将其归入他可得可用的图式。所以，这个男孩在逻辑上把牛称为狗，因为对他来说，牛的特征非常接近狗的特征。这头牛符合了男孩对狗的所有判断标准。此时孩子的图式无法使他感知牛与狗之间的差异，但他能够看到相似之处。①

图式是一种智力结构，可以根据共同的特征将感知到的事件进行分类，进而将事件组建起来。它们是可重复的心理事件，因为儿童以一致的方式反复将刺激分类。如果一个孩子一直将奶牛归类为狗，我们可以推断出孩子关于一些概念的本质（奶牛和狗的图式）。通过关注孩子们所说的话，我们可以发现他们头脑中的图式在特定时间内的状况以及他们的思维。

出生时，图式本质上是反射性的。也就是说，他们可以从简单的反射触发活动中被推断得知，例如吸吮和抓握。吸吮反射就是一种反射图式的例子。在出生时，婴儿通常会吮吸任何放在嘴里的东西（比如乳头、手指）并认为没有区别，这只是一个全球存在的吸吮图式。出生后不久，婴儿学会了区分：当婴儿感到饥饿时，就会接受产乳的刺激物，并拒绝非产乳的刺激物。区分就此产生。用皮亚杰的话来说，婴儿现在有两种吸吮图式，一种之于产乳刺激物，另一种之于非产乳刺激物。在最初的几个月中，图式还未达到"心理"层面，与我们通常对这个术语的认识不尽相同。这些图式仅是反射性的。婴儿在其有限的环境中进行了真实的区分，但这些是通过他或她可用的反射性和运动器官完成的。这些最原始水平的区分，是后来"心理"活动的先兆。

随着孩子的成长，图式（档案盒里的卡片）变得更加差异化，数量也为之增多；它们形成的网络变得越来越复杂。在儿童早期，婴儿有一些反射性的图式，使他或她能

①如果我们在意约翰回答的准确性，我们可能会想要纠正约翰，告诉他这只动物被称为"奶牛"，并不是一只"狗"。这可能导致约翰产生困惑。鉴于约翰在当时可以考虑该事件的图式配置，约翰的回答"一只狗"，是一个合乎逻辑的回应。因此，从约翰的角度来看，他的反应并没有错——只有从成人的角度来看才是错误的。此外，告诉约翰该动物的正确名称是"奶牛"，会导致约翰得出结论，他称之为狗的东西既可称为狗抑或可称为奶牛。这是一个合乎逻辑的推论。这些类型的"错误"可被视为发展和现实测试的正常部分。

够在感知和运动层面上对环境做出极少的区分。成年人拥有大量相对复杂的图式,可以实现大量的区分。通过适应和组建,儿童的图式演化为成人图式。因此,智力发展是一个不断建构和重构的过程。

如果认为图式不会改变,我们这个例子中的小男孩注定要在他的余生中把奶牛称呼为狗,这样的想法是具有误导性的。显然,这不会发生。随着孩子变得能够更好地归纳刺激,图式会变得更加精细。

在任何时候,孩子的反应都被认为反映了孩子所具有的概念或图式的本质。对于在示例中描述的男孩在考虑他可用的图式时将牛认为是狗,完全“合乎逻辑”。图式由儿童明显的行为所定义(或反映在其中)。但是,图式不仅仅是行为,它们也是行为的内部原因。在认知活动过程中重复的行为模式这一概念被称为反映图式。每种图式包含不同但相似的动作序列的整个集合。“每个图式……都与所有其他图式相协调,并且本身是具有差异化部分的完整个体”(Piaget 1952c, p7)。

因为图式是认知发展的结构,它们会发生变化,所以必须允许它们的成长和发展。成人的概念与儿童的概念不同。概念是变化的,图式就是概念的认知结构。成人的认知图式就来自儿童的感知运动图式。负责变化的过程是**同化**和**顺应**。

同 化

同化(一种构想)是一种认知过程,一个人通过该过程将新的感知、运动或概念问题整合到现有的图式或行为模式中。实际上可以说孩子一直在经历:看到新事物(奶牛)或以新的方式看待旧事物,以及听闻各种事。孩子试图将这些新事件或刺激融入他或她当时具有的图式中①。假设,和前面的例子一样,一个男孩和他的父亲一起走在乡间小路上,父亲指着野外的一头母牛说:“这是什么?”孩子看着奶牛(刺激物)说:“那是一只狗。”发生了什么? 这个男孩看到田野里的事物(奶牛),通过他的图式集合进行筛选,直到找到一个看起来合适的且能包含它的对象。对于孩子来说,对象(奶牛)具有狗的所有特征——它符合孩子脑中狗的图式,孩子得出的结论该对象是狗。刺激(奶牛)被同化为狗的图式。因此,同化可以被视为将新刺激事件放置(分类)到现存图式中的认知过程。

①同化是皮亚杰从生物学中借鉴的术语。它是一个过程,类似于生物学的进食过程,其间食物被食用、消化和吸收,或变成可用的形式。同样地,经验也被同化或加工。

同化一直在发生。如果认为一个人一次只能处理一个刺激,则是把这个问题看得极度简单。人类能不断地处理越来越多的刺激。

同化不会导致图式的变化,但它确实会影响图式的增长,因此它是发展的一部分。可以将图式比作气球,同化则能往气球里充更多的空气。气球会变得更大(同化在增长),但它的形状并不会改变。同化是个体认知适应和组建环境过程的一部分。同化过程使得图式增长。它不能解释图式的变化。我们知道图式是会变化的。成人的图式与儿童不同。皮亚杰用**顺应**描述并解释了图式的变化。

顺　应

当面对一个新的刺激时,儿童试图将其同化到现有的图式。有时,这是不可能的。有时,一个刺激不能被同化,因为没有任何一个图式可以轻易地将其纳入。刺激物的特征与儿童的任何可用图式所要求的特征不相近。孩子们会怎么做呢?基本上可以做如下两件事中的一件:可以创造一个新的图式来安放刺激物(相当于文档中的一个新索引卡),或者可以修改现有的图式,使刺激物符合它。两者都是顺应的形式,都会导致一个或多个图式的配置发生变化。因此,顺应是创造新图式或修改旧图式。这两种行为都会导致认知结构(图式)的改变或发展。

一旦顺应发生,儿童可以再次尝试同化刺激。由于图式已经改变,刺激物很容易被同化。同化总是最终的产物。

积极同化和顺应的儿童绝不是被要求或被期望演化出具有特定形式的图式。这里所使用的图式的概念隐含着这样一个理念:图式是随着时间的推移和经验的积累而在内部构建的。图式反映了儿童目前对世界的理解和知识水平。这些图式是由儿童建构的。由于是构想,所以图式不是现实的精确副本。它们的形式是由个体同化和顺应经验的独特模式决定的，随着时间的推移，图式会表现得更接近现实。当儿童还是婴儿时，图式是全球一致的，与成人的图式相比，极其不精确，而且往往不准确。从婴儿相当原始的图式转化为更复杂的成人图式的同化和顺应过程显然需要多年时间。

没有哪一种行为是完全同化或完全顺应的。所有的行为都反映了这两种情况，尽管有些行为更多地偏向其中一种。例如，我们一般认为的儿童游戏，通常是同化多于顺应。另一方面，儿童模仿他人的努力通常是顺应行为，而不是同化行为(see Piaget 1962)。

在同化过程中，人们把他们现有的可用结构强加给正在处理的刺激物。也就是说，刺激物被强迫适应这个人的结构。在顺应的过程中，情况恰恰相反。一个人被迫改变他或她的模式以适应新的刺激，而这些刺激是他无法同化的。顺应说明了发展(一种质的变化)，同化说明了增长(一种量的变化)；这些过程共同说明了智力适应和智力结构的发展。

平　衡

同化和顺应的过程对于认知的成长和发展是必要的。同样重要的是同化和顺应发生的相对数量。例如，想象一下，如果一个人总是同化刺激而从不顺应，那么他的心理发展将会是什么结果？这样的人最终会形成几个非常大的图式，却无法发现事物的差异。大多数事物都会被他们看作是相似的。对约翰来说，牛将永远是一只狗。另一方面，如果一个人总是顺应而从不同化，会有什么结果呢？这将导致一个人拥有大量非常小的图式，却没有形成概括性。大多数事物都会被视为不同，这个人将无法发现相似之处。走向这两个极端中的任何一端，都会导致智力不正常。因此，同化和顺应之间的平衡与这些过程本身一样必要。皮亚杰把同化和顺应之间的均衡称为平衡。它是确保成长中的儿童与环境之间有效互动的自我调节机制。

平衡是同化和适应之间的均衡状态。不平衡状态是同化和顺应之间的不均衡状态。① 平衡是一个从不平衡到平衡的过程。这是一个自我调节的过程，其工具是同化和顺应。平衡允许外部经验被纳入内部结构(即图式)。当不平衡发生时，它促使②儿

---

①不平衡可以被认为是当期望或预测没有被经验证实时产生的认知冲突状态。一个孩子期望某事以某种方式发生，但事实并非如此。预期和实际发生的情况之间的差异就是不均衡，并导致不平衡。

②动机可以被认为是激活行为的东西。在皮亚杰的理论中，智力发展中动机的主要来源是不平衡。不平衡激活了平衡(同化和顺应)。

童寻求平衡(进一步同化或适应)。不平衡激活了平衡的过程,并努力返回到平衡状态。平衡是有机体不断努力争取达到的必要条件。有机体最终会同化刺激物(或刺激事件),无论顺应与否。这导致了平衡。因此,平衡可以被看作是在同化时达成的一种认知平衡状态。显然,与任何特定刺激有关的平衡可能是一个非常短暂的事情,因为结构或图式在不断经历不平衡和变化,但它在发展和适应过程中又是非常重要的。

儿童必须同化一切。儿童使用的图式可能与成人的图式不一致(如将牛归类为狗),但儿童将刺激物放入图式的做法总是适合他们的概念发展水平,并不存在错误的图式安置问题。只是随着智力的发展,会有越来越好的安置方式。

那么,我们可以说,儿童在经历一个新的刺激(或又一个旧的刺激)时,试图将刺激同化到现有的图式中。如果孩子们成功了,那么在这个特定的刺激方面,暂时就达成了平衡。如果儿童不能同化刺激,孩子们就将试图通过修改图式或创造一个新图式来顺应。当完成这些时,刺激的同化就会继续进行,此时就达到了平衡。

从概念层面上讲,认知的成长和发展在所有的发展水平上都是这样进行的。从出生到成年,知识是由个人建构①的,成年后的图式是由童年的图式建立(构建)的。在同化过程中,有机体将刺激纳入现有的图式中;在顺应过程中,有机体改变图式以涵盖刺激。顺应的过程导致智力结构(图式)的质变,而同化只是增加了现有的结构量变。因此,同化和顺应累积的协调、分化、整合和构建,说明了智力结构和知识的成长和发展。这是一个自我调节的过程。就像我们在生物学上适应我们周围的世界一样,思想的发展和智力的发展也是一个适应的过程。

---

①皮亚杰关于所有知识都是由个人建构的论断,在50年前对美国心理学家来说是一个激进的观点,但现如今,已被广泛接受。劳伦·雷斯尼克(Lauren Resnick)写道:“建构主义是皮亚杰理论的核心原则,在过去,皮亚杰主义者与学习行为理论家之间存在着鲜明的分歧。”今天,认知科学家普遍认同这样一个假设:知识是由学习者建构起来的(1987, p. 19)。

第二章　智力发展以及其他因素

内容、功能和结构

皮亚杰认为认知发展有三个组成部分:内容、功能和结构。内容是指儿童所知道的东西。它指的是可观察到的、能反映智力活动的行为,即感觉运动和概念。就其性质而言,智力的内容在不同的年龄段和不同的儿童之间有很大的差异。功能是指在整个认知发展过程中,像同化和顺应这样稳定和持续的智力活动所具有的特征。结构是推断的组织属性(图式),解释特定行为的发生。例如,如果要求一个孩子比较一排9个跳棋和一排较长的8个跳棋,并确定哪排跳棋的数量更多,而她说8个跳棋的那排更多,即使她准确地数了每一排,我们也可以推断她没有一个完整的数字概念。这表明她的数字图式还没有完全形成。当遇到一个以感知为基础的问题时,她的选择是以感知为基础的:长的那一行有更多。最终,理性会占上风,但只有在必要的结构得到充分发展之后。这些结构的变化是智力发展的一个主要方面。弗拉维尔(Flavell)写道:

> 在功能和内容之间,皮亚杰假设存在认知结构。不同于功能,结构与内容一样确实随着年龄的增长而变化,这些发展变化构成了皮亚杰的主要研究对象。那么,皮亚杰系统中的结构是什么?它们是智力的组织属性(图式),是通过功能创造出来的组织,可以从行为内容中推断出它们的性质。(Flavell 1963, p.17)

皮亚杰主要关注的是智力的结构;对功能和内容,他研究得相对较少。他仔细阐述和分析了这些认知结构(图式)在发展中的**质变**。据推测,认知功能的质的结构变化最明显的是智力功能的变化,即通常所说的智力①。

---

①需要指出的是,大多数"智力"测试在很大程度上是对认知内容的抽样,对认知结构的抽样只是较小程度的。总的来说,它们是定量的测量,而不是定性的测量。

皮亚杰的概念表明,如果要全面评估"智力"发展,认知结构和认知内容都应该成为测试内容。

行动和知识

皮亚杰的系统要求在环境中行动，是儿童进行认知发展的必要条件。认知结构的发展只有在儿童吸收和顺应环境中的刺激时才能得到保证。只有当儿童的感官被带到环境中时，认知结构的发展才会发生。当儿童在环境中行动，在空间移动，操控物体，用眼睛和耳朵搜索或思考时，儿童就正在领会那些终将被他或她同化和顺应的原始内容。这些行动导致了图式的构建或重建。婴儿无法学会区分乳头和毯子的边缘，除非他或她对两者都施加动作。这些行动可以是物理行为，也可以是心理行为。

随着儿童年龄的增长，一些导致认知变化的行为变得不那么明显了。对婴儿来说，起作用的行为可能是手臂的运动和抓握。对于9岁的孩子来说，起作用的行为也可能是一种内在的行为，如在给一列数字进行加法运算时的思考。在这两种情况下，儿童的行为对发展都是至关重要的。

认知发展所需的行动显然不仅仅是身体运动。行动是刺激儿童智力官能系统的行为，它们可能是可被观察到的，也可能是无法观察到的。这些行为可以产生不平衡，给同化和顺应的发生提供了可能空间。

心理和身体在环境中行动是认知发展的必要条件，但不是充分条件。也就是说，仅有经验并不能确保发展，但没有活动经验，发展就无法发生。发展的必要条件还有同化和顺应。行动是认知发展的几个相互作用的决定因素之一。

在皮亚杰看来，所有的知识都是由儿童的行动所建构的。[①] 皮亚杰认为，有三种知识：物理知识、逻辑—数学知识和社会知识。每种知识都需要儿童的行动，但原因不同。

①知识的建构发生在对物体的物理或心理行为上，当存在不平衡时，就会导致对这些行为的同化和顺应，从而建构图式或知识。

物理知识:发现

物理知识是关于物体和事件的物理属性的知识:大小、形状、质地、重量等。孩子在用他或她的感官操纵(作用于)物体时获得关于该物体的物理知识。例如,一个玩沙子的小男孩可能会把沙子从一个容器里倒到另一个容器里,用手摸,或把沙子放进嘴里。通过这样的行动,儿童发现并构建他们对沙子的知识。活动经验被同化为图式。

在获得物理知识的过程中,物体本身(如沙子)告诉孩子该物体的特征是什么。反馈或强化是由物体本身提供的。除非孩子对沙子采取行动(或者说施加动作),否则他无法构建一个准确的沙子图式。对实物的完全准确的知识不能直接从阅读、看图片或听人说话中获得,这些都是符号表征的图式,而只能通对身体的行动来获得。物体只有在我们对其采取行动的情况下才能够让我们建构其属性(沃兹沃斯, 1978)。

逻辑—数学知识:发明

逻辑—数学知识是从对物体和事件的经验的思考中建构起来的(加拉赫和莱德, 1981)。[①] 与物理知识一样,逻辑的、数学的知识只有在儿童对物体采取行动(精神上或身体上)的条件下,才能发展。但行动和物体在建构逻辑的、数学的知识方面的作用是不同的。儿童发明了逻辑—数学知识;它不像物理知识那样是物体中固有的,而是从儿童对物体的行动中构建出来的。物体只是作为一种媒介能让构建发生。

数字概念是逻辑—数学概念中的例子。我们都观察过孩子们玩一组组物品的例子。一个小女孩可能在玩 11 个便士。她把它们放在一排,然后数了数,一共有 11 个。她把它们放在一个圆圈里,又数了数,还是有 11 个。孩子把硬币堆起来,再数一遍。她数了 11 个便士。孩子把硬币放在一个盒子里,然后把它们摇一摇,从盒子里取出来数一数,便士加起来还是 11 个。通过许多像这样的活动体验,孩子们逐渐构建了这样一个概念或规则:无论单个元素的排列如何,一个集合中的物体数量都是相同的。总数与如何排列(或者说摆放形式)无关。这是一个被发明或构建出的规则,也是逻辑—数学知识的一个例子。

在逻辑—数学知识的发展中,物体的性质并不重要,关键是要有几组物体供孩子

---

①我选择使用逻辑的、数学的知识(logical-mathematical knowledge)这一术语,而皮亚杰和大多数人撰写关于皮亚杰作品的文章时则使用了逻辑—数学知识(logico-mathematical) 这一术语,本书遵从皮亚杰的术语用法。

运算。在前面的例子中，这个女孩正在发展的概念也可以轻易地用石头、蜡笔、锅碗瓢盆或花来完成。随着经验在不同的环境和不同的材料中不断重复，并伴随着不平衡的发生，这些概念变得更加完善。像物理知识一样，逻辑—数学知识不是直接从阅读或听人说话中获得的。它是通过对物体的运算来构建的。①

社会知识

社会知识是文化或社会群体通过约定俗成达成共识的知识。社会知识的实例包括规则、法律、道德、价值观、伦理学和语言系统。这些类型的知识在文化中不断发展，可能因群体而异。社会知识不能像物理和逻辑—数学知识那样从对物体的行动中提取出来。社会知识是由儿童从他们对他人的行动（与他人的互动）中构建起来的。当儿童与孩子以及与成人互动时，他们就有了构建社会知识的机会。②

根据皮亚杰的理论，所有的知识都是物理知识、逻辑—数学知识或社会知识（沃兹沃思，1978）。在知识的建构过程中，最重要的是儿童对物体的心理和生理行动以及与人的互动。完全构建的知识不能直接从阅读或听人（如教师）谈话中获得。一般来说，在青春期前的几年里，完全准确的知识只能从对有关物体的经历中构建；它不能从对物体和事件的表述（如书面或口头语言）中获得。皮亚杰认为什么是知识的表述对教

①卡米（Kamii）表示，所有的逻辑—数学知识都涉及关系的构建。

“当……我们看到一个红色的筹码和一个蓝色的筹码，并注意到它们是不同的，这种差异就是逻辑的、数学的知识的一个例子。筹码的确是可以观察到的，但它们之间的差异却不是。差异是由个人的心理上把这两个物体放在一起所创造的关系。”（1982 年，第 7 页）

②第三至六章比较深入地论述了情感发展背景下的道德概念的发展。道德概念是属于社会知识的例子。

育实践有重大影响。①

孩子在生命的早期最依赖身体和感官体验，此时他或她还不具备语言能力。在这个时候，与环境的互动主要是在感觉和运动层面。孩子直接对环境中的物体采取行动。当婴儿通过无条件反射机制探索环境时，发展就在发生。把各种物体放入口中或通过吸吮反射吸吮物体，抓取物体，这些无条件反射性行为使婴儿能够在环境中建立起他们的第一个对事物的区分。这些行为使婴儿在辨别物体的过程中发展出内部感觉运动表征（图式）。

当典型的儿童发展到2岁左右时，他或她变得越来越有能力在头脑中表现行动。儿童对环境的行动由内化的符号和语言介导，变得不那么明显了。行动的感觉行为性较弱，而概念性较强。尽管如此，儿童的积极参与对于智力的发展仍然是必要的。

发展的连续性

在最广泛的意义上，皮亚杰在其作品中断言，认知和智力变化是发展过程的结果。皮亚杰的一般假设是，认知发展就是一个认知结构（图式）连续质变的连贯过程，每个结构及其伴随的变化都是由前一个结构有逻辑地衍生出来的。新的图式并不取代以前的图式；就像在顺应中一样，它们结合在一起，导致质的变化。如果那个把一头牛归类为狗的小男孩在以后的某个时间断定这头牛不再是狗，而是一个叫作牛的新物体，那么他并没有替换图式。他所做的可能是为像牛的物体创造一个新的图式（顺应），同时保留他的旧的但现在已被修改的狗的图式。因此，变化发生了，产生了一套在质量和数量上都更胜一筹的图式，且以前的图式也包含在内。因此，随着发展的进行，孩子"思维"能力的质量不断提高。

皮亚杰将发展的概念构建为一个连续的过程。智力发展的变化是循序渐进的，而不是突变的。图式的构建和重构（或修改）是逐步进行的。从皮亚杰的角度来看，发展

---

①如果人们相信知识是皮亚杰概念化的一种建构，那么就会认识到知识建构是儿童所做的事情。当面对造成不平衡的经验时，儿童试图从这种经验中找出意义（同化和顺应）。这个积极的过程导致了图式（或智力）的调整和完善。一个重要的教育问题是，阅读（教科书）和倾听（教师）等活动在多大程度上可以导致这些活动和知识的构建。显然，皮亚杰的观点是，完全形成的知识不可能以自动的方式从书本或老师那里直接传递给儿童。这个问题将在第八章中得到更充分的讨论。

被恰当地视为一个连续的过程。为了构建认知成长概念化，智力发展可以分为四个广泛的连续层次。①

皮亚杰因在其理论中使用“阶段”一词而受到批评。那些反对他使用“阶段”的人可能是出于一种误解。皮亚杰并不是说儿童在发展过程中从一个独立的层次走向另一个独立的层次，就像一个人在上楼时从一个台阶走向另一个台阶。认知发展一直在流动，而观察连续体中较小的多个片段或部分，对于比较连续体的单个部分和整个发展过程是很有用的。研究者和理论家可以将漫长的发展时期划分为长度较短的片段；因此，可以对发展的各个部分进行分析，并在某些方面更有效地将其概念化。这绝不是否认发展在整个过程中的连续性，也不意味着阶段的选择是没有理由的。②

皮亚杰（1963b）将认知发展的阶段大致概括为以下几点：

1. 感觉运动阶段（0—2 岁）。在这个阶段，行为主要是感觉和运动。儿童尚未在内心意识层面表现事件并进行概念性的“思考”，尽管“认知”的发展是随着图式的构建而出现的。

2. 前运算思维阶段（2—7 岁）。这一阶段的特点是语言和其他表达形式的发展以及概念的快速发展。此阶段的推理以感知为主，因此是前逻辑或半逻辑的。

3. 具体运算阶段（7—11 岁）。在该阶段的几年中，儿童发展了将逻辑思维应用于当前具体问题的能力。

4. 形式运算阶段（11—15 岁或以上）。在这个阶段，儿童的认知结构达到了最大的发展水平，最终儿童变得有能力运用逻辑推理来解决所有类别的问题。

发展被认为是以累积的方式进行的，发展中的每一个新步骤都建立在以前的步骤之上并与之融合。

在一般情况下，应该强调的事实是，不同阶段的行为模式并不是以线性的方

①将发展分为多少个连续的层次，是有些随意的。在不同的场合，皮亚杰将发展分为三个、四个或六个主要阶段，每个都有一些子阶段。我将发展这个连续体分为四个连续的层次。

②我将在引用的地方使用“阶段”这一术语，但除此之外，我将使用“层次”这一术语。

> 式相互接替的（一个特定阶段的行为模式在下一个阶段的行为模式形成时消失），而是以金字塔层的方式（直立或倒立），即新的行为模式只是被添加到旧的行为模式中，以完成、修正或与旧模式相结合。（Piaget 1952c, p. 329）

儿童可望发展出代表某一特定阶段的行为的年龄并不固定。皮亚杰提出的年龄跨度是规范性的，标示一个有代表性的或者说普通的儿童可以预期显示特定水平的智力行为的时间。一般儿童在2岁左右进入前运算发展阶段。尽管有些儿童较早进入这一阶段，有极少数1岁儿童就进入了前运算阶段，但其他儿童直到3或4岁才进入前运算阶段。对于严重"弱智"或发展迟缓的儿童，发展可能更慢。

其所描述的每个方面的发展行为，只是该年龄组的典型。皮亚杰建立的规范是针对日内瓦的儿童样本，不一定能严格对照美国或其他样本。皮亚杰认为，考虑到相关的经验和遗传，（行为结构）出现的固定顺序并不意味着什么。特定发展对应的年龄可能会随着个人的经验和他或她的遗传可能而变化（Piaget 1952c）。进步不是自动的（如成熟理论中所述）。

皮亚杰理论的一个方面是确定的：每个孩子都一定会按照相同的次序经历认知发展的各个水平。如果不经过具体的运算，孩子的智力就无法从前运算层次进入形式运算。①

然而，由于经验或遗传因素，儿童的发展速度可能不尽相同。"聪明"的儿童可能发展迅速；"迟钝"的儿童可能进展较慢，有些儿童从未达到或完全掌握具体运算或形式运算。

虽然使用了智力发展层次或阶段的概念，但应该记住的是，在同一个特定的层次内，智力行为的跨度是很大的。也就是说，儿童在前发展阶段（2—7岁）一直在发展就语言的使用，而他7岁时的表现会和他2岁时有质的差别。

在前运算发展的早期阶段，语言能力已经形成并建立起来。3岁儿童的语言行为从而通常缺乏7岁儿童的组织性和稳定性，尽管他们都表现出前运算的特征。因此，在某一智力功能发展的早期，它的稳定性应该不如后期的行为，也不如后期的行为复杂。

---

①一个固定的次序，或水平层次，或阶段的概念叫序数。皮亚杰提出的阶段即序列阶段。

发展中的因素

我们已经看到，心理发展是遵循固定过程的连续体。从出生到成年，随着儿童对环境的自发作用，以及对环境中越来越多的刺激的同化和顺应，智力的结构，即图式，也在不断发展。为分析起见，发展连续体被划分为之前提到的四个层次。主动经验和平衡在发展中的作用已经部分讨论过了。在开始讨论连续体中的每个层次之前，让我们详细考虑一下发展的四个因素和这四个因素的关系。

皮亚杰提出了与所有认知发展相关的四大因素：成熟、主动体验、社会互动和平衡的一般进展（Piaget，1961）。他认为这些因素中的每一个及相互作用都是认知发展的必要条件，但没有一个单独的因素足以确保认知发展。发展阶段内和阶段间的运动是这些因素及其互动的功能。

成熟与遗传

皮亚杰认为，尽管仅靠遗传不能解释智力发展，但是遗传在认知发展中的确起着作用。他断言，遗传为任何时间点的发展确立了宽泛的限制条件。成熟，即遗传可能的发展速度，正是这些限制得以确立的机制。皮亚杰指出：

> 认知功能方面，即知识的成熟，只决定了某一特定阶段的可能性范围。它并不导致结构的实现。成熟只是表明在某一特定阶段是否有可能构建特定的结构。它本身并不包含一个预先设置的结构，而只是打开了可能性。新的现实仍然需要被构建。（Green Ford，and Flamer 1971，p. 193）

因此，成熟因素（或遗传因素）对认知发展的制约宽泛。这些制约随着成熟的发生而改变。在发展的任何时候，这些制约因素所隐含的潜力能否实现取决于儿童对其环境的行动。

主动体

在本章前面部分，我们讨论了儿童对外在环境采取的行动的重要性。主动体验是认知发展的四个因素之一。儿童构建的每一种知识——物理知识、逻辑—数学知识和社会知识——都要求儿童与物体或人互动。行动可能是对物体或事件的物理运算或

对物体或事件的心理运算(思考)。主动体验是那些引起同化和顺应的经验,导致认知的改变(结构或图式的改变)。

社会互动

认知发展的另一个因素是社会互动。皮亚杰所说的社会互动,是指人们之间的思想交流。正如我们所看到的,这在社会知识的发展中特别重要。人们发展的概念或模式可以分为可感知到的物理参照物(可以看到、听到等)和没有这种参照物的概念。“树”的概念有物理参照物,而“诚实”的概念则没有。一个孩子可以相对地依靠他人就发展出一个社会所认同的“树”的概念(物理知识),因为参照物(树)通常是可以接触到的。但同一个孩子却不能独立于他人而发展出一个可接受的“诚实”的概念(社会知识)。在概念是“专属的”或由社会所定义的,儿童依赖于社会互动来构建和验证概念。

与他人的互动也能引发相对于物理和逻辑—数学知识的不平衡。当儿童与其他儿童(或成人)的思维产生冲突时,这种冲突会导致他们质疑自己的思维(不平衡)。正如我们将在接下来看到的,思想的冲突可能会导致不平衡,但不是自动无条件的。

社会互动可以是多种多样的。人们与同龄人、父母和其他成年人互动。在学校里发生的事件是学生与其他学生以及与老师最常见的互动。还有就是与父母和环境中其他人的互动。所有形式的社会互动和社会经验对智力发展都非常重要。

平　衡

成熟、经验和社会互动并不能充分解释认知发展。皮亚杰的四大因素中还有一个因素是平衡。

> 在我看来,有两个原因使我们不得不调用这第四个因素(平衡)。第一个原因,是既然我们已经有了其他三个因素,它们之间必须有某种协调。这种协调就是一种平衡。第二,在……建设中……一个主体经历了许多试验和错误以及许多在很大程度上涉及自我调节的规定。自我调控正是平衡的本质。(Piaget, 1977b, p.10)

这样一来,皮亚杰就用平衡的概念来解释其他因素的协调和一般发展的调节。当儿童有了经验,就会发生(知识)构建。现有知识与新知识的协调发生了(同化和顺应）。这个系统有一般的内部监测和调控。平衡是一个调节器，它允许新的经验成功地被纳入图式。

发展的控制在很大程度上是内在的和情感上的。皮亚杰认为这是一个自我调节的过程，平衡是自我调节的机制。

认知发展有四个必要因素：成熟、主动体验、社会互动和平衡。只有在这四个因素的相互作用下，认知发展的条件才是充分的。

情感发展

在皮亚杰的理论中，智力发展被视为有两个组成部分，一个是认知的，另一个是情感的。① 到目前为止，我们主要讨论了发展的认知方面，其所涉及的是知识结构（图式）如何发展。

与认知发展相连的是情感发展。情感一般包括感情、兴趣、欲望、倾向、价值观和情绪。皮亚杰认为，情感是会发展的。

在智力发展方面，我们关注的是情感的两个方面。一个方面是智力活动的动机或动能。"为了使知识结构发挥作用，必须有东西开启，确定在每个点上要展开的努力，也能关闭它"（Brown and Weiss 1987, p.63）。第二个方面是**选择**。知识活动总是针对特定的对象或事件。那为什么特定的对象或事件是这些？

兴趣，连同"喜欢"和"不喜欢"，是影响我们智力活动选择的一个常见而有力的情感例子。很多时候，当被问及我们为什么要做一件特定的事情时，我们的回答都与兴趣有关。我读了一本关于建造木质结构房屋的书，如果我把这本书的内容同化到我的图式中（而不是读一本关于内战的书），我就进一步发展了我关于木质结构建筑的图式（而不是关于内战的图式）。在皮亚杰看来，这种选择不是由认知活动引起的，而是由情感所引起的，这里就是指兴趣。

尽管我们认为情感与认知不同，但它们在智力功能上是关联统一的。可以说，它

①认知和情感发展之间的关系是复杂而重要的，这一点将在本书中加以阐述。直到最近，心理学家和教育家一直都主要关注皮亚杰在认知发展方面的工作，而忽略了情感发展在智力成长中的作用。这有几个原因。一个原因是，皮亚杰主要对确定什么是知识以及儿童如何构建知识感兴趣。皮亚杰的大部分研究和写作都集中在这个问题上。因此，许多人在阅读皮亚杰的作品时，认为智力的认知方面一定是最重要的。皮亚杰最早的作品谈到了情感在智力发展中的主要作用，因为这一点不太受重视（从数量上来说），所以直到最近，情感都被放在认知的后面。

们是同一枚硬币的两面(Cowan 1981)。所有的行为都有认知和情感的因素。皮亚杰写道:

> 不存在仅由情感产生而没有任何认知要素的行为。同样,也不可能找到仅由认知因素组成的行为……尽管认知和情感因素在个体行为中是不可分割的,但它们在本质上似乎是不同的……很明显,即使在最抽象的智力形式中也涉及情感因素。学生要解决一个代数问题或数学家要发现一个定理,在开始时必须有内在的兴趣、外在的兴趣或需要。在工作时,快乐、失望、急切的状态以及疲劳、努力、无聊等情感都会发挥作用。在工作结束时,可能会出现成功或失败的感觉;最后,学生可能会体验到源于其解决方案紧密结合的审美感受。(1981b, pp.2－3)

情感对智力发展有深刻的影响。情感可以加快或减慢发展的速度,它决定了智力活动所关注的内容。可以说,情感是看门人。根据皮亚杰的观点,情感本身不能改变认知结构(图式),而正如我们所看到的,它可以影响哪个结构被改变。皮亚杰写道:“即使情感能引起行为,即使它不断参与智力的运动,即使它能加快或减慢智力的发展,但它本身并不产生行为结构,也不修改它所干预的结构。”(1981b, p.6)

许多人认为,人类生活的情感方面或多或少地以预先确定的形式产生于某种内在的来源。皮亚杰认为,情感的形成并不比智力本身的形成更早。在皮亚杰看来,认知和情感之间存在着显著的相似之处。首先,情感的发展与认知或智力的发展意义相同。当我们研究儿童对道德问题的推理,即情感生活的其中一个方面时,我们看到,儿童的道德概念的建构和认知概念的建构在意义上是相同的。学前或小学低龄段的孩子在被另一个孩子意外撞了一下时,并不会把这件事当一回事,主要因为他或她没有对“有意”这个概念有完全的认知。当认知方面在发展时,情感也在平行发展。构建的机制是相同的。儿童将经验同化为情感图式的方式与将经验同化为认知结构的方式相同。其结果是知识。

皮亚杰还认为,**所有**行为都有情感和认知两个方面。不存在纯粹的认知行为,也不存在纯粹的情感行为。“喜欢”数学的孩子通常会取得快速进步。而“不喜欢”数学的孩子通常不会有快速的进步。每种情况下的认知行为都受到情感的影响。“不可能找到仅由情感产生而没有任何认知因素的行为。同样,也不可能找到仅由认知因素组成却没有任何情感因素而产生的行为”(1981b,p.2)。

总 结

皮亚杰认为,智力有情感和认知两个方面。认知方面有三个组成部分:内容、功能和结构。皮亚杰确定了三种知识:物理知识、逻辑—数学知识和社会知识。物理知识是关于物体属性的知识,来自对物体的作用。逻辑—数学知识是由对物体的运算所构建的知识。社会知识是关于由文化创造的事物的知识。每种知识都取决于行动,物理的或精神的。有助于发展的行动是那些产生不平衡并导致努力建立均衡(平衡)的行动。同化和顺应是平衡的动因,是发展的自我调节器。

四个因素及其相互作用对发展是必要的:成熟、主动体验、社会互动和平衡。认知发展,尽管是一个连续的过程,但为了分析和描述的目的,可以分为四个阶段。情感发展(价值、感觉和兴趣)的发展方式与认知发展相似。也就是说,情感结构是随着认知结构的构建而构建的。情感负责激活智力活动,并负责选择对哪些对象或事件采取行动。情感是看门人。

第三章　感觉运动的发展

智力发展是一个过程，从婴儿出生那天开始（或者可能更早）。这并不意味着孩子生来就会思考（在头脑中对物体进行内在的表述），但这确实意味着从出生开始发生的感觉和运动行为是智力发展最早的方面，对以后的智力发展是必要且有帮助的。换个角度看，任何年龄段的智力行为都是直接从先前的行为水平演变而来。同化和顺应在出生时就已完全发挥作用。婴儿对周遭世界的适应和构建最初是通过感觉和运动行为进行的。因此，所有智力发展的根源在于早期的感觉运动行为。

在他的几本书中，皮亚杰仔细描述了人类生命最初两年的认知和情感发展。从他的观察和著作中可以看出，智力和情感的结构在婴儿期就开始演变了。出生时，婴儿只能进行简单的反射行为。出生两年后，孩子通常开始说话（符号表征），并已明显发展出智力运算，开始“思考”。通过内在的表征，2 岁的孩子通常能在头脑中“发明”出允许他或她做事（达到目的）的手段（行为）。孩子能解决大多数感觉运动问题；例如，孩子可以通过用一个物体替换另一个物体，以获得想要的物体。在出生时和出生后的第一个月，情感只见于未分化的反射活动。最初没有真正的“感觉”或有区别的情感反应。在感觉运动发展过程中，感情出现了，很快就可以看到儿童的感情在行动的选择中发挥作用。

2 岁的孩子在认知和情感上与新生儿不同。在 2 岁时，典型的儿童有一个更大和更复杂的认知和情感图式的阵列。所发生的演变主要是儿童对环境的感觉运动行动的功能，导致不断的同化和顺应。而这反过来又导致结构化图式的质变和量变。

> 从出生到语言习得的这段时期的特点是思想的非凡发展。它的重要性有时被低估了，因为它没有像后来的情况那样带有语言，能以此一步一步地寻求智力和情感的进步。然而，这种早期的心理发展决定了整个心理演变的过程……在这一发展的起点，新生儿对自己，或者更准确地说，对自己的身体能够了若指掌，而在这一时期结束时，即语言和思维开始时，就种种现象而言，他们不过是他们自己逐渐构建的宇宙中的一个元素或实体，而且此后他将体验到自己的外部世界。（Piaget 1967，pp. 8－9）

为了理解2岁儿童的语言发展与早期的感觉运动发展的关系，观察者必须仔细注意孩子出生后最初两年的行为。所发生的演变是一个非常平缓的连续时期，每个时期都包含了前一个时期，随着图式的构建，每个时期都标志着一个新的进步。

皮亚杰将感觉运动发展分为六个时期，其间智力行为的模式逐渐复杂起来（见表3.1）。本章之后的部分将介绍感觉运动发展的六个时期的各个方面。每个时期的一般特征都会得到讨论。其中包括儿童的客体概念和因果关系概念的逐步发展，即该阶段中智力和情感发展的两个最重要的指标。

表3.1　感觉运动发展阶段中发展的特征

时　期	概　括	客体概念	空　间	因果关系	情　感
反射，0—1个月	反射活动	与自己无差异	自我中心	自我中心	本能的驱动力和天生的情感反应
首次区分，1—4个月	手口协作，通过吮吸和抓握来区分	没有特殊的行为，没有自我运动和外部客体的差别	视角的变化被视为对象的变化	没有区分自我运动和外部客体	首次习得感觉（快乐、悲伤、愉快、不愉快），与行动相关的满足和失望的感觉
复制，4—8个月	手眼协作，重复有兴趣的事件	预测移动物体的位置	空间外化；没有物体之间的空间关系	自己被视为所有事件的起因	
图式的协调，8—12个月	图式的协调；将已知需求应用于新问题；预测	客体永久性；寻找消失的物体；反转奶瓶以获取乳头	对物体的大小和形状有感知的恒定性	因果关系的初步外化	与激活和阻滞有关的情感，或故意行为；成功或失败的首次感觉；对他人的感情投入
实验，12—18个月	通过实验发现新方法	在寻找消失的物体时考虑连续的位移	意识到空间中的物体之间、物体与自我之间的关系	自我被视为客体中的客体，自我被视为行为的客体	
表现，18—24个月	表现；通过内化的组合发明新手段	不存在的物体的图像，移位的表现	意识到没有感知到的运动；空间关系的表现	典型的因果关系；因果推断	

此前关于发展的说法同样适用于即将讨论的发展时期。当代表更高层次行为发展时，之前的发展行为并没有完全被取代。关于新的阶段，皮亚杰写道：

> 新阶段就此可以定义为：儿童能够做出某些他之前无法做出的行为模式；这不意味着他放弃了之前阶段的行为模式，即使这些行为模式从观察者的角度来看，与新阶段的行为模式相反或相矛盾。（Piaget 1964, p. 299）

第一阶段(0—1个月):反射活动

从出生开始,在感觉运动发展的第一个阶段的大部分时间里,典型婴儿的行为主要是反射性的和无差别的。婴儿生来就有的基本反射是吸吮、抓握、哭泣以及手臂、躯干和头部的运动。当婴儿受到刺激时,他的各种反射会做出反应。因此,当一个物体被放进婴儿的嘴里时,他就会吸吮它,而不管它是什么。当一个物体接触到婴儿的手掌时,他就会抓住它,而不管它是什么。没有证据表明,婴儿的这种行为可以区分不同的物体。也就是说,在行为上看来,客体的图式还没有被构建。婴儿对所有物体的反射反应或多或少都是一样的。毯子和产奶的乳头一样被大力地吸吮着。手能抓到什么就抓什么,不管是别人的手指还是玩具。刺激物之间没有差别。因此,在这一时期,婴儿通过反射系统同化所有刺激。在出生时,所有的刺激事件都以无差别的方式被纳入(同化)到原始的反射模式中。

在出生后几周内,通常可以观察到孩子的初步顺应。在出生时,婴儿会吮吸放在他嘴里的东西。当乳头出现时就会吸吮。很快,如果婴儿找不到乳头,他就开始寻找,这实际上是对环境的顺应。婴儿的搜寻是一种出生时不存在的行为,不能归因于任何反射系统。没有"寻找"反射,只有吸吮反射。因此,主动寻找是婴儿反射行为的一种变化,是一种顺应。

在第一阶段可观察到的先天性反射行为,由于重复使用和与环境的相互作用而发生了变化。尽管小婴儿的行为看上去只是在操练他的反射系统,并没有智力行为,但反射的**使用**对该阶段的发展和随后的认知结构的发展至关重要。从一开始,同化和顺应的行为就存在。

客体概念

皮亚杰的一个重要观点是,所有的概念,包括客体概念,都是发展出来的,不是先天的。也就是说,认识到物体或多或少是永恒性的,并且消失不见了也不意味着被破坏,这样的意识不是与生俱来或固有的。这种对物体的认识是从感觉运动经验中一点一点发展出来的(Piaget 1954)。实际上,儿童必须通过经验来建构物体的世界。在出生时,婴儿对物体的认识只停留在反射层级。事实上,婴儿无法区分自我和环境。婴儿没有客体的概念。外部环境所呈现的任何客体都只是可以吸吮、抓握或观看的东西,即唤起无差别的反射性反应的事物。

因果关系的概念

因果关系,即对因果关系的认识,是在感觉运动发展中出现的另一个重要概念。在出生时,孩子是完全以自我为中心的①,根本不知道因果关系。直到后来,对因果关系的认识才开始发展起来。

情　感

第一个时期,是条件反射和本能驱动的时期(Piaget 1981b)。新生儿寻求营养,有不适要寻求安慰,他们的行为靠的都是反射系统。他们吮吸,他们哭泣。在这一时期,没有“感觉”这种东西。所有的情感都与条件反射有关。

第二阶段(1—4 个月):首次区分

当上一阶段的反射性行为开始被修改时,感觉运动发展的第二个时期就开始了。在这一时期,出现了一些新的行为。吮吸拇指往往成为习惯,反映出手口协调的发展,用眼睛跟随移动的物体(眼睛协调),而头则朝声音的方向移动(眼耳协调)。

在第一时期的早期,婴儿对刺激的反应是纯粹的反射性的。最初对刺激物没有区分。在第一时期结束时,婴儿开始区分物体,这是出生时没有的行为。例如,(饥饿时)婴儿会主动吸吮产奶的乳头,但如果他想喝的是奶,则会拒绝放在他嘴里的其他物体。一个反射被改变了,表明婴儿已经对环境做出了顺应。原始吸吮模式所没有的区分,出现在了更精细的模式中。像这样的行为变化,即使是最原始的、对环境的内部组织和适应的迹象,也可能最早观察到的。

习惯性吸吮拇指是这一时期典型的行为(Piaget 1952c)。这种新的行为需要手口协调,而这种能力是婴儿在第一个月内所不具备的。在这之前,吸吮拇指通常是随机或偶然发生的;拇指碰巧进入了嘴里。这种活动的习惯性不能仅用反射来解释。它就

①自我中心主义是皮亚杰最重要的概念之一。一般来说,它是一种认知状态,即个人只从自己的视角看世界,而不知道其他视角的存在。因此,它是一种自我中心者无法意识到的状态。对婴儿来说,自我中心主义意味着在一个由客体组成的世界里,没有把自己当作一个客体的自我感知。只有当婴儿的客体概念发展起来并随后允许自我感知的发展时,之前这种情况才被解决。

可以由儿童从他或她的行动中建构基本的感觉运动关系来解释。

皮亚杰说明了从随意吸吮拇指到明确协调吸吮的过渡：

观察19。在下午6点用餐后，0;1(4)①大的洛朗很清醒(之前的几餐都不是这样)，但并不完全满足。首先他做了剧烈的像是吸吮的动作，然后可以看到他的右手靠近他的嘴，触摸他的下唇，最后被抓住了。但由于只抓住了食指，手又掉了出来。不久之后，它又回来了。这一次，拇指在嘴里，而食指则放在牙龈和上唇之间。然后，手从嘴里移开5厘米，准备重新进入嘴里；现在，拇指被抓住了，其他手指仍在外面。然后，洛朗一动不动地大力吸吮，流了很多口水，过了一会儿，他就被移开了。第四次，手靠近，三个手指进入嘴里。手再次离开，第五次重新放进嘴里。由于拇指再次被抓住了，吸吮又开始了。然后我移开手，把它放在他的腰部附近。洛朗似乎放弃了吸吮，注视着前方，心满意足。但几分钟后，嘴唇动了起来，手再次靠近它们。这一次遇到了一系列的挫折；手指放在下巴和下唇上。食指两次进入口腔(因此这是第六次和第七次成功了)。第八次手进入嘴里，只保留拇指，继续吸吮。再次移开手。嘴唇的运动再次停止，新的尝试接踵而至，第九次和第十次成功，此后实验中断。(1952c, p.53)

洛朗吸吮拇指的行为正在迅速成为习惯。因为它是由孩子指挥的，所以这种行为与出生时的所有反射行为不同。这种协调意味着孩子的顺应。

关于吸吮拇指的问题，皮亚杰写道：

当孩子系统地吸吮拇指时，不再是由于偶然的接触，而是通过手和口之间的协调，这可以称为获得性适应。口的反射和手的反射都不能通过遗传提供这种协调(没有吸吮拇指的本能！)，只有经验可以解释它的形成。(1952c, p.48)

在第二个时期，眼睛的使用有了协调性。孩子开始用眼睛追踪移动的物体。皮亚杰提供了一个例子：

---

① 0;1(4)：像此类的标记方法，是指观察时孩子的年龄，依次给出年、月、日，洛朗在受到观察时是0岁1个月零4天大。这段引文说明了皮亚杰的系统性观察方法，以及他对观察结果的理解方式。

观察28——杰奎琳在0；0(16)时，没有用眼睛去看20厘米外的火柴的火焰。只有在看到火柴时，她的表情才会发生变化，然后她移动头部，似乎想再次找到火苗。尽管房间里的光线很暗，她还是没有成功。另一方面，在0；0(24)时，她在同样的条件下完美地追踪了火柴。在随后的几天里，她的眼睛跟着我的手、移动的手帕等运动。

视觉跟踪移动物体的能力不是一出生就有的。从杰奎琳的情况可以看出，这种能力是后天获得的。

听力和视觉之间的协调在这个时候开始发展。对声音的辨别也开始出现。当儿童开始向声音的方向移动他们的头时，以及当人的面孔与同一个人的声音明确地联系起来时，这一点就很明显。

观察48——另一方面，从0；1(26)开始，洛朗一听到我的声音就转向右边的方向（即使他之前没有看到我），当他发现我的脸时似乎很满意，即使我的脸是不动的。0；1(27)，他在听到我的声音后先后看了看他的父亲、他的母亲，又看了看他的父亲。因此，他似乎把这个声音赋予了一张视觉上熟悉的脸。0；2(14)，他在1米9至2米处观察杰奎琳，听到她的声音；在0；2(21)的时候，也有同样的观察。0；3(1)，我蹲在他面前，而他在他母亲的怀里，我发出噗嗞嗞的声音（他喜欢这声音），他向左看，再向右看，然后往前看，接着往下看；然后他看到了我的头发，并把视线放低，直到看到我一动不动的脸。最后他笑了。这最后的观察可以被认为是肯定地表明对这个人的声音和视觉形象的识别。(1952c, pp. 82-83)

这些例子说明了一个典型的儿童在前两个时期的一些认知差异。小一点的孩子对刺激做出无差别的反射反应。大一点的孩子做出原始的感觉运动区分，我们推断，他已经构建了有限的感觉运动协调。这种模式的发展是在婴儿运用他的反射、同化和顺应经验时产生的。

客体概念

在感觉运动发展的第二个时期，孩子对客体的意识萌发了，这在第一个时期是不存在的。孩子试图看他/她听到的物体，这表明视觉和听觉之间的协调。此外，孩子可

能会在物体消失后继续用眼睛跟踪它的路径。来自以下皮亚杰的例子说明了后天的视觉追踪：

> 因此，露西安妮0；3(9)，看到我在她视线的最左边，似笑非笑。她向不同的方向看，在她的前面和右边，但她的视线不断地回到她看到我的地方，每次都停留一会儿……
>
> 0；4(26)，她会吃奶，但在我叫她时会转过身来，对我微笑。然后她继续哺乳，但连续几次，尽管我不说话，她还是直接转到她能看到我的位置上。停顿几分钟后，她又这样做了。然后我离开；当她转身没有发现我时，她的表情之中，失望夹杂着期待。(Piaget 1954, pp. 10-11)

露西安妮(皮亚杰的女儿之一)清楚地证明，她在听觉和视觉之间有协调性。她在视觉上找到了声音的来源。此外，她还能返回并从视觉上找到已经离开她视野的物体。

意图

在第二阶段，一些新的感觉运动协调得到发展，婴儿的反应范围扩大。虽然取得了进步，但孩子的行为仍然缺乏意向性，即他或她还不会为某些目的发起行为。行为仍然主要是反射性的(虽然经过修改)，而目标只有在行为链开始后才会被激发出来。

> 只要行动完全由直接感知的感觉图像决定，就不可能存在意图的问题。甚至当孩子为了看一个物体而抓住它时，也不能推断出有意识的目的。正是随着……延迟反应的出现，行动的目的不再是以某种方式直接被感知的，而是以寻找的连续性为前提的，因此也是意图的开始。

只有当行为的启动不是一种反射行为或对先前行为的简单重复时，才能推断出行为的意向性。

因此，智力发展的最初步骤已经开始。儿童在环境中的行动，导致了同化和顺应，产生了初步的结构变化，允许简单的感觉运动协调。在下一个时期，这些进步通过同样的过程得到阐述和超越。

情感:后天获得的感觉

根据皮亚杰的观点,在两个相连的时期中,有两种情感出现。

> 首先,感知性的情感出现了。这些感觉,如快乐、痛苦、愉快、不愉快等,通过经验已经附着在感知上了。第二个发展就是需求和兴趣的区分。这与满足、失望以及两者之间的所有层级的感情有关,它们不仅与各种知觉相联系,而且与行动相关联。(Piaget, 1981b, p. 21)

在这些时期,全球人共通的紧张和放松的一般状态是可以观察到的。

在感觉运动发展的第二个时期,情感仍然完全投入在自己的活动和身体中。在皮亚杰看来,情感还没有"转移"到别人身上的原因是,婴儿在这个发展阶段还没有把自我作为一个客体与环境中的其他客体区分开来。自我和环境仍然是一体的。因此,婴儿的身体仍然是所有活动和情感的焦点。

第三阶段(4—8个月):有趣事件的重现

在第三阶段,孩子的行为越来越倾向于他或她自己身体以外的物体和事件。例如,孩子抓取和操纵他或她能够到的物体,这标志着视觉和触觉的协调。在这之前,婴儿的行为主要是面向自己。他或她无法在感觉运动层面上有效地将自己与其他物体区分开来。他或她一直无法协调手和眼睛的运动。

第三阶段的另一个特点是,婴儿会重现他们感兴趣的事件。当有趣的经历发生时,他们会试图重复这些经历。连在头顶铃铛上的绳子被反复拉动。抓握和敲击行为被有意地重复。有明显的尝试来维持和重复行为。皮亚杰将这些现象称为循环反应①

①皮亚杰用循环反应这个术语来描述幼儿重复有趣事件的尝试。事件的重复被认为是重要的,这出于几个原因。这显然是一种同化经验的积极尝试。循环反应导致对作为物体的物体有重要的认识,并导致对因果关系有更重要的理解。皮亚杰(1967,1969)描述了三种循环反应。初级循环反应出现在感觉运动期第二阶段,只涉及婴儿身体的动作,如将手从一边移到另一边。二级循环反应出现在第三期,是涉及对婴儿以外的物体的动作,如用物体反复敲打婴儿床的侧面。三级循环反应出现在第五期,其特点是有意在重复中进行变化,以观察类似的动作有什么效果。例如,婴儿可能用物体敲打婴儿床的不同部位。

或生殖同化。婴儿试图重现他或她感兴趣的事件。举例说明：

> 观察104——0；3(29)，洛朗抓起他第一次看到的一把纸刀；他看了一会儿，然后用右手拿着它摆动。在这些动作中，该物体刚好与摇篮的柳条摩擦。然后，洛朗用力挥动手臂，显然是想重现他所听到的声音，但他没有理解纸刀和柳条之间接触的必要性，因此，除了靠运气之外没有实现这种接触。
>
> 0；4(3)，有同样的反应，但洛朗会在物体碰巧与摇篮的柳条摩擦时观看。同样的情况在0；4(5)时仍然发生，但在系统化方面有微小的进展。
>
> 最后，0；4(6)，动作变得有意识了，孩子一拿到东西就有规律地用它与摇篮的柳条摩擦。(Piaget 1952c, pp. 168-69)

当孩子成功地重复以前的行为时，就像例子中的洛朗那样，原始的感觉运动意向性是显而易见的。这些循环反应是与环境积极互动的明显例子。它们是同化的一种形式，代表了比早期同化的进步。

意　图

感觉运动发展的一个特点是儿童从非意向性行为发展到意向性行为的形式。在感觉运动发展的第二个时期，有意行为并不明显。这时，行为是由刺激引起的。行为的目的不是为了达到一个目标或获取一个对象。在第三阶段，儿童开始从事最早的目标导向(有意)行为的构建。他或她试图重复不寻常和有趣的事件(循环反应)。在第三阶段，目标是在行为开始后才确立的。婴儿的目标只在行为的重复过程中确立；因此，意图(目标方向)是在事后，可以说是在行为开始之后。在后来的感觉运动期(第四阶段)，婴儿在启动行为链时，心中已经有了要达到的目标，并选择了他或她认为能达到目标的方式。意图在行为链开始时就存在，因此，行为不是对以前行为的简单重复，而是从一开始就是一种有意的行为。虽然第三期的行为是意图首次出现之时，但在行为链开始后才是有意图的。

客体概念

在第三阶段，孩子开始预测物体在移动时将经过的位置。这表明孩子对物体的永恒性认识的发展。举例来说：

观察6——洛朗对落下的物体的反应在0；5(24)时似乎仍然是不存在的：他没有转动眼睛去追踪我掉在他面前的任何物体。

0;5(30)，对一盒火柴的掉落没有反应。0;6(0)时也是如此，但当他自己扔下盒子时，他会用眼睛寻找掉在他旁边的盒子（他是躺着的）。

0；6(7)，他手里拿着一个空火柴盒。当它掉下来的时候，他的眼睛会寻找它，即使它没有跟着开始掉下来；他转过头去，想在床单上看到它。0;6(9)，他对一个拨浪鼓也有同样的反应。

0；7(29)，他在地板上寻找我从他上方扔下的所有东西，即使他还没有察觉到坠落运动的开始。(Piaget，1954，pp. 14-15)

在这个例子中，洛朗在8个月大的时候就开始在他所预测的物体掉落的地方寻找物体了。他在预测掉落物体的位置，显示出他给物体构建的图式越来越复杂。

因果关系的概念

在第三阶段，儿童仍然以自我为中心。孩子认为自己是所有活动的主要原因。下面的例子说明了孩子在第三阶段对因果关系的自我中心意识。

0;7(8)，洛朗坐着，我把一个大垫子放在他够得着的地方。我抓了抓垫子，他笑了。之后，我把我的手移到离垫子5厘米的地方，在垫子和他自己的手之间，如果他稍微一推，就会压到垫子上。只要一停顿，洛朗就会击打垫子，拱起身子，摆动头部，等等。的确，后来他有时确实抓住了我的手。但这只是为了敲打它，摇晃它，等等，他没有一次试图将它向前移动或将它与垫子接触。

在某些时候，他抓我的手；另一方面，他不抓垫子，尽管这种行为对他来说是熟悉的。(1954，p. 245)

很明显，洛朗认为只有他自己能引起事件。他没有意识到他父亲的手在接触到垫子的时候会引起有趣的声音。他摇晃他父亲的手以发出声音；他抓挠他的手。他对手和垫子采取行动，但从未对这两者一起采取行动。这个时期的孩子把自己看作是所有事件的原因。

第四阶段(8—12个月):图式的协调

在生命的第一年结束时,行为模式一般就出现了,构成了明显的智力行为。婴儿开始使用手段来达到目的。"孩子有能力将他以前获得的行为结合起来,以实现目标"(Piaget, 1952c)。孩子开始预测事件,显示出初步的计划性。孩子明显意识到物体的永久性。例如,他开始寻找他看着消失的物体。此外,他开始认识到环境中的其他物体也可以是活动的来源(因果关系)。

在这个时期之前,行为一直是孩子对物体的直接行动。有趣的行为是长期的或重复的。也就是说,一个单独的图式已经被用来唤起行为反应。在第四阶段,儿童开始区分目的和手段,并在单个行为时协调两个熟悉的图式,他开始使用手段来达到那些不能立即直接达到的目的。可以看到儿童把一个物体(手段)放在一边以达到另一个物体(目的)。孩子把一个枕头移开,去拿一个玩具。在行为开始之前,有一个有意选择的手段。目的从一开始就确定了:手段的使用正是为了达到目的。下面说明了手段与目的的协调发展。

> 观察121——0; 8(20),杰奎琳试图抓住我给她的一个烟盒。然后我把它滑到交叉绳索之间,那绳索是把她的玩偶固定在(她的摇篮)罩子上。她试着直接去抓它。她没有成功。她立即寻找不在她手中的绳索,她只看到烟盒被缠住的部分。她看了看前面,抓住绳子,拉动并摇晃它们,等等。然后烟盒掉下来,她抓住了它。
>
> 第二个实验:同样的反应,但没有先尝试直接抓取物体。(Piaget, 1952c, p. 215)

在这个例子中,杰奎琳拉动绳索(手段)以拿到香烟盒(目的)。显然,这从一开始就是一个有意的行为。手段和目的(两个图式)在一个行动中被协调。

在第四阶段,婴儿表现出对事件预期明显的迹象。某些迹象被认为是与迹象之后的某些行动相关的。这些行动说明了预知某些事件的意义。

> 观察132——0; 8(6),洛朗从空气发出的某种声音中意识到他的进食即将结束,他没有坚持喝到最后一滴,而是拒绝了他的奶瓶。

观察133——0;9(15)，当杰奎琳看到坐在她旁边的人起身或走开一点(给人留下离开的印象)时，她会哀嚎或哭闹。

1;1(10)，她有一个轻微的抓伤，并用酒精消毒了。她哭了，主要是由于恐惧。随后，她一看到那瓶酒精就开始哭，因为她知道她将会遇到什么。两天后，都是同样的反应，只要她看到瓶子，甚至在瓶子被打开之前(1952c, pp.248-249)。

这种行为清楚地表明了儿童的预期或预知。预期的行动是独立于正在进行的行动的。在之前的时期，儿童的行动总是依赖于环境中的直接行动。杰奎琳会在酒精被涂抹在伤口上时哭，而不是在涂抹之前。

客体概念

这一时期的一个重要构建是物体形状和大小的恒定性概念。皮亚杰和英海尔德评论道：

事实上，形状的恒定性是由他们在协调视角时的感觉运动建构出来的。在首个阶段[这里是指第一到第三阶段]……当客体改变他们的视角时，这种改变(对儿童来说)不是作为主体相对于客体的观点的改变，而是作为物体本身的实际转变。婴儿在悬空的物体前摇头晃脑，就像他通过抽动来作用于物体一样，直到8—9个月大时，他才真正探索到实际位移的视角效果。现在，正是在这个年龄段(8—9个月)，他第一次能够……把倒着递给他的奶瓶反转过来。也就是说，将固定的形状归结为一个永恒的固体。

至于尺寸的稳定性，则与感知控制的运动协调有关。在整个第一阶段[这里是第一至第三阶段]，孩子对物体的运动和身体的运动没有区别。在第二个阶段[此处为第三和第四阶段]，主体开始将自己的运动与客体的运动区分开来。这里……在物体消失时寻找它们的行为出现了。正是由于这种运动的分组以及归因于物体的恒久性，后者获得了固定的尺寸，其大小被或多或少地正确估计，无论它是近还是远。(Piaget and Inhelder, 1956, p.11)

与其他概念一样，大小和形状的概念是以预期的方式发展的。对4个月大的孩子来说，对物体的不同看法似乎会改变物体的形状和大小。直到第四阶段，物体的形状

和大小才开始成为孩子的稳定概念。

在第四阶段，孩子的客体概念出现了一个新的维度。直到这个阶段之前，如果孩子一直在玩的物体，如拨浪鼓被放在毯子下面，孩子就不会去寻找它，即使孩子看到了放在毯子下面这个动作。如果一个物体离开了视线，它似乎就不再存在了。在（大约）8 到 10 个月之间，孩子开始寻找消失的物体，这表明孩子意识到物体的存在，即使它们不能被看到（物体永恒）。藏在毯子下面的拨浪鼓被找回来了。下面说明一下这种对物体永恒性的新认识以及它的一些局限性：

观察 40——0; 10(18)，杰奎琳坐在床垫上，没有任何东西干扰她或分散她的注意力（没有被子等），我从她手中拿过玩具鹦鹉，连续两次把它藏在床垫下，在她的左边，在 A 处。两次杰奎琳都立即寻找这个东西并抓住它。然后我把它从她手里拿出来，在她眼前非常缓慢地移动到她右边床垫下的相应位置，在 B 处（连续位移）。杰奎琳非常专注地看着这个动作，但是当玩具鹦鹉在 B 区消失的那一刻，她转向她的左边，看着它之前在 A 区的位置。

在接下来的四次尝试中，我每次都把玩具鹦鹉藏在 B 里，而没有先把它放在 A 里。然而，每次她都立即试图重新找到 A 处的物体；她把床垫翻过来，认真地检查。(Piaget 1954, p. 51)

很明显，杰奎琳在寻找消失的物体。要做到这一点，她必须有一个概念，即物体从视野中消失后仍然存在。但她的搜索是有限的；她只搜索物体通常消失的地方，而不总是在它们被看着消失的地方。

因果关系的概念

在第四阶段，孩子第一次意识到物体（除了他自己之外）也可以引起活动。在这之前，孩子通常认为自己的行为是一切事物的原因。下面说明了因果关系概念的这种变化。

0;8(7)［洛朗］……一会儿，我非常缓慢地放下我的手，从很高的地方开始，指向他的脚，最后挠了他一会儿。他突然笑出声来。当我中途停止时，他抓住我的手或胳膊，把它推向他的脚。

在 0;9(0) 时，他抓住我的手，把它放在我刚刚挠过的腹部。

> 0:9(13)时,洛朗在他的婴儿秋千上,我拉着绳子摇了三四次;他抓住我的手,把它压在绳子上。(Piaget, 1954, p.26)

皮亚杰评论说:

> 儿童不再把某些现象的原因与他对这一现象采取行动的感觉联系起来。主体开始发现,在原因和结果之间存在着空间联系,因此任何物体都可以成为活动的来源(而不仅仅是他自己的身体)。(1952c, p.212)

第一次出现了因果关系的基本外化。儿童意识到,自我以外的物体可以成为行动的原因。

情　感

在生命的第二年,有三个情感的发展是值得注意的。第一,感情开始在确定用于实现目标的手段和选择目标方面发挥作用。有助于实现目标的东西对儿童而言变得有价值。

第二,儿童开始从情感的角度体验“成功”和“失败”。与特定行动或活动有关的感觉被保留下来(记住)。儿童被吸引到他们成功的活动中。

> 例如,在学习走路时,可以看到以前的成功或失败影响了兴趣和努力。这清楚地表明,某种自我评估正在发生。(Piaget 1981b, p.32)

第三,在第五和第六阶段,儿童开始对他人进行情感投入(情感迁移)。在这之前,情感一直围绕着自我。随着自我与其他客体的认知分化(客体概念),诸如喜欢和不喜欢的感觉开始指向作为客体的他人。对他人的情感投入是第一个明确的“社会性”发展。

第五阶段(12—18个月):发明新手段

在前几个时期,儿童发展了视觉和触觉模式之间的协调,使他或她能够延长和重复不寻常的事件(第三阶段),随后能够协调熟悉的模式来解决新问题(第四阶段)。在

第五阶段，当儿童开始形成新的图式以解决新问题时，他们达到了更高的运算水平。儿童通过实验发展新的手段来达到目的，而不是通过应用习惯性的、以前形成的图式。在这种情况下，新的模式和新的协调都会出现。当遇到使用现有图式无法解决的问题时，可以看到儿童进行实验，并通过试错过程发明新的手段（图式）。这出现在几个例子中：

> 观察167——1；3（12），杰奎琳把一只毛绒狗扔到她的游戏围栏外，然后她试图抓住它。如果不成功，她就把围栏往正确的方向推。她用一只手抓着围栏框架，另一只手试图抓住毛绒狗，她观察到框架是可以移动的。她没想要移动围栏，就把它又移得离毛绒狗远了些。她立即试图纠正这个动作，因而也意识到围栏在接近它的目标。这两个偶然的发现使她开始利用围栏的运动，先是实验性地推动它，然后系统地推动它。其中有片刻的摸索，但时间很短。
>
> 另一方面，1；3（16），杰奎琳马上就把她的游戏围栏推向要拿起的物体的方向。（Piaget 1952c, p. 315）

在这个例子中，杰奎琳实验着移动游戏围栏。这种行为的效用是在经过大量的试错实验后发展起来的。随着经验的积累，新的模式被开发出来（移动游戏围栏），结果是解决了孩子以前无法解决的问题。

在第二年的前半年，孩子花了很多时间对物体进行试验，如上面的例子。在浴缸里，物体被反复按到水底；东西被溅到。孩子通常很想看看物体在新情况下的表现。孩子第一次能够通过寻找新的手段来适应（顺应）不熟悉的情况。

就智力发展而言，这些新的行为是特别重要的。皮亚杰提出，当孩子获得解决新问题的能力时，行为就变得聪明了。解决问题的能力显然是适应性的。

> 可以说，经验性智力的机制已经明确形成。儿童从此有能力解决新的问题，即使没有获得的（目前可用的）图式可以直接用于这一目的；即使这些问题的解决方法还没有通过推理或表述找到，因为有实验的搜索和图式协调的共同作用，原则上所有情况都是可以保证的。

当儿童能够解决新的感觉运动问题时，他们已经达到了认知发展的一个重要时期。这标志着真正的智力行为的开始，其发展可以追溯到小婴儿的反射活动。

客体概念

正如我们所看到的，在12个月左右，孩子的行为表明他已经意识到，尽管物体不能被看到，但它们仍然存在(物体的永恒性)。在第四阶段之前，孩子不会去寻找被藏起来的想要的东西，即使他或她看到了东西的消失。藏在毯子下面的拨浪鼓就没有被找出来。在第四阶段(8—12个月)，孩子会寻找被藏起来的物品，但不一定是在看到藏起来的地方。在这种情况下，孩子被认为不能处理连续的位移；也就是说，如果通常藏在A处的拨浪鼓现在被藏在B处，孩子会在A处寻找它。在第五阶段，孩子通常会考虑连续的位移；他或她会在最后一次可见的位移所在的位置寻找物体，而不是在通常所藏之处。当拨浪鼓被藏在A里面时，就在A里面寻找；当它被藏在B里面时，就在B里面寻找。

不过，物体的概念还没有完全发展。第五阶段的儿童通常能够跟踪可见的位移，但无法跟踪不可见的位移。下面的例子说明了这种情况：

> 观察56——1；6(9)，我继续实验，但用了一个装有拨浪鼓的塑料制的鱼。我把鱼放在地毯下面的盒子里。在那里我摇晃它，杰奎琳听到了盒子里的鱼的声音。我把盒子倒过来，把它拿出来，里面是空的。杰奎琳立即拿起盒子寻找鱼，把盒子向各个方向翻了翻，看了看周围，特别是看了看地毯，但没有把地毯掀起来。
>
> 接下来的尝试没有任何收获……
>
> 那天晚上，我用玩具小羊重复这个实验。杰奎琳自己把玩具小羊放在盒子里，当整个东西都盖在毯子下面的时候，她和我说："亲亲小羊。"当我拿出空盒子时，她说"小羊，小羊"，但并不看下面。
>
> 每当我把整个东西放在盖毯下时，她就立即寻找盒子，并把玩具小羊拿出来。但当我用第一种方法重新开始时，她就不再看毯子下面了。(Piaget 1954, p.69)

尽管第五阶段培养的能力使杰奎琳能够解决涉及可见的连续位移的问题，但她还不能解决涉及不可见的位移的问题。这种能力要等到她发展出对物体的心理或内部表现时才会出现(第六阶段)。

因果关系的概念

在上一阶段，普通儿童表现出意识到自我以外的其他物体可以是行动的来源（因果关系）。以下说明了第五阶段对因果关系概念的阐述。

> 1; 3(30)，杰奎琳的右手拿着一个她无法打开的盒子。她把它拿给她母亲，她母亲假装没有注意到。然后她把盒子从右手转到左手，用空闲的手抓住并张开她母亲的手，把盒子放进去。整个过程无声无息地发生了……
>
> 在接下来的日子里，杰奎琳也会让大人参与她的游戏细节，无论对象有多远诸如此类情况，她会呼叫、哭闹、用手指着物体等。简而言之，她很清楚，她要靠大人来满足；他人成了她实现目标的最佳方法。(1954, p. 275)

杰奎琳不仅表现出意识到其他人可以影响活动，而且意识到其他物体也可以。

> 观察 175——1; 2(30)时，杰奎琳站在一个不属于她的房间里，观察绿色墙纸。然后她轻轻地触摸它，并立即看了看她的指尖。这显然是图式的泛化……触摸食物（好比果酱等）和看她的手指……
>
> 1; 3(12)，她站在她的游戏护栏里，我把她最近收到的一个小丑放在框架的顶部，然后依次放在不同的地方。杰奎琳费力地沿着框架前进，但当她走到小丑面前时，她非常谨慎和小心地抓住它，因为她知道只要轻轻一摇就会掉下来。从第一次尝试开始，她就一直这样做……杰奎琳预见到了物体的某些特性，这些特性与它对她的作用无关。绿色的墙纸被认为应该留下彩色的痕迹，……而小丑一碰就会倒下。(Piaget 1952c pp. 327-328)

在这些例子中，杰奎琳明确地把物体（墙纸、小丑）看作她行为之外的可能现象的原因。所看的预期，并不是基于已经观察到的相同形式的行动链（墙纸和娃娃对杰奎琳来说是新的）。因此，自我之外的物体第一次被看作是行动的原因。

第六阶段（18—24个月）：表现

在第六阶段，孩子开始从感觉运动水平的智力过渡到表现智力。也就是说，孩子开始能够在内在世界（精神上）表现物体和事件，随后能够通过内在表现来解决问题。在第五阶段，通过积极的实验，获得了解决问题的新手段。在第六阶段，儿童也发展出新的手段，但不像前一阶段那样依赖运动和感觉实验。第一次，手段的发明是通过在头脑中的表现水平（思考）而不是在积极的实验中尝试一系列的行动而达成的。实际上，实验是在思维中进行的（通过脑海再现），而不是通过身体运动或行动。下面说明第六阶段的发明手段，是通过思维再现和心理活动进行的。

> 观察181——1；6(23)，露西安妮第一次玩娃娃车，娃娃车的把手到了她脸的高度。她推着它在地毯上滚动。当她走到墙边时，她就拉着，向后走。但由于这个姿势对她来说并不方便，她就停了下来，毫不犹豫地走到另一边再推车。因此，她在一次尝试中找到了这个方法，显然是通过与其他情况的类比，而不是靠培训、学徒经历或偶然。
>
> 在同类创造中，也就是说，在运动学①的呈现领域，应该引述以下事实。在1；10(27)，露西安妮试图跪在一张凳子前，但由于靠着它，把它推得更远。然后她抬起身子，拿起凳子，把它靠着沙发。当它稳固地摆在那里时，她靠着它，毫无困难地跪下。(1952c, p. 338)

在这些例子中，露西安妮展示了对感觉运动问题的解决方案的创造，以及对因果关系的认识。这种创造和没有明显的尝试表明，解决方案是通过心理组合在内部得出的，与直接经验无关。试错实验是不存在的。

> 在这些阶段中，搜索不是由事实本身事后控制的，而是由心理组合事先控制的。在尝试之前，儿童预见到哪些运算会失败，哪些会成功……此外，被设想为能够成功的程序本身是新的，也就是说，它是由一个原始的心理组合产生的，而不是由在运算的每个阶段实际执行的动作组合产生的。(1952c, pp. 340-341)

因此，儿童能够通过在他或她的头脑中执行动作序列（表现），在心理上构建可能的问题解决方案。大约两年来，这种能力已经从感觉运动行为逐渐发展起来。在这一

①运动学：从运动的原因出发并应用于机械装置的运动科学。

阶段，儿童可以在没有感觉运动实验，或并行经验的帮助下，得出简单运动问题的解决方案。

客体概念

第六阶段，儿童在内部呈现事件的能力反映在儿童的客体概念上。思维呈现使孩子能够找到被不可见的位移所隐藏的物体。也就是说，当看到物体被隐藏起来时，孩子可以找到它们，不仅如此，因为有思维呈现也让孩子能寻找并找到隐藏时没有看到的物体。这相当于从直接感知中解放出来的一种措施。孩子知道，物体是永恒性的，即使它们不可见，它们也继续存在。下面对杰奎琳的观察显示了这种意识：

> 观察 64——1;7(20)，杰奎琳看着我，此时我把一枚硬币放在手里，然后把我的手放在盖毯下面。我收回我紧闭的手；杰奎琳打开我的手，然后在盖毯下面寻找，直到她找到那个东西。我马上把硬币拿回来，放在我的手里，然后把我紧闭的手塞到另一边的垫子下面（在她的左边，不再在她的右边）；杰奎琳立即在垫子下面寻找了它。我重复这个实验，把硬币藏在一件外套下面；杰奎琳毫不犹豫地找到了硬币。
>
> Ⅱ．我将试验复杂化：我把硬币放在我的手里，然后把我的手放在垫子下面，再把手拿出来，并立即藏在盖毯里。最后我把手抽出来，紧握着伸向杰奎琳。然后杰奎琳把我的手推到一边，没有打开（她猜测里面没有东西，这很新鲜），她看了看垫子下面，然后直接看了看盖毯下面，在那里她找到了东西……
>
> 然后我试着进行一系列的三次置换。我把硬币放在手里，然后把我紧闭的手依次从 A 处移到 B 处，再从 B 处移到 C 处；杰奎琳把我的手放在一边，然后在 A 处、B 处和最后在 C 处寻找。
>
> 在同样的测试中，1; 3(14)，露西安妮成功了。(Piaget 1954, p. 79)

从上面的例子中可以清楚地看到，当物体不在场时，儿童仍有保持物体“形象”（呈现）的能力。物体的移位导致了孩子的搜索，并直到找到它们。孩子的搜索是有逻辑的。

因果关系的概念

如同客体概念和其他方面的发展一样，儿童对因果关系的认识，因其内在呈现物体的新能力而大大加强。在第五阶段，儿童仍然无法预测他或她的感觉运动世界中的真正因果关系。

> 正如在物体和空间领域的感觉运动发展过程中，儿童变得有能力唤起不存在的物体，有能力靠自己再现没有看到的位移，在第五阶段，儿童也变得有能力在仅有结果的情况下重建原因，而且无需感知到这些原因的行动。反过来说，如果某个被感知的物体是潜在行动的来源，他也有能力预见并想象出可能的结果。(1954, p. 293)

下面的例子展示了洛朗在这个阶段的因果关系概念。通过表述，他准确地预测了因果关系。

> 1; 4(4)……洛朗试图打开一扇花园的门，但由于被一件家具挡住了，所以无法将它向前推。他无法用视觉或任何声音来解释阻止门打开的原因，但在尝试用力推它之后，他似乎突然明白了；他绕过墙，来到门的另一边，搬开抵着门的扶手椅，并以胜利的表情打开了门。(1954, p. 296)

再一次，我们看到了对问题解决方案的快速创造。这样的解决方案在第六阶段之前的行为中没有被观察到。从洛朗的行为中，我们可以推断出物体的呈现、清晰的客体概念以及对感觉运动问题中因果关系的清晰理解。

> 因此，一般来说，在第六阶段，儿童现在有能力进行因果推理，不再局限于对感觉运动利用因果关系的知觉。(1954, p. 297)

情　感

在感觉运动期结束时，幼儿通常已发展出有别于其早期反射性反应的情感和偏好。反射反应继续运作，但行为现在部分由新的情感(和认知)能力来指导。情感成为决定做什么和不做什么的因素。因此，2 岁儿童的情感世界与新生儿的情感世界是非常不同的。

将自我作为对象，将他人作为对象的认知区分，为真正的社会交流打开了大门。

幼儿开始有能力对他人投入情感(对他人有感情)。对他人的喜欢和厌恶已经确立,初步的人际关系开始形成。儿童的情感和认知能力通过不断的构建而扩大,与他人的关系随之发生变化。

> ……开始成为自我和他人之间真正的交流关系。这些交流使更重要、更有条理、更稳定的评价成为可能。这种评价表明人际间“道德情感”的开始。(Piaget 1981b, p.41)

道德理性的发展

在其职业生涯的早期,皮亚杰就对儿童的规则概念和其他道德情感产生了兴趣。他在这一领域的主要著作是《儿童的道德判断》(1965年),最初出版于1932年。皮亚杰研究了儿童对游戏规则概念的发展。弹珠是用于研究的一个游戏,因为它有规则结构,是当时儿童最喜欢的游戏。

正如我们在后面的章节中所看到的,皮亚杰发现,儿童对规则和其他道德概念(作弊、撒谎、公正等)的理解,其发展方式与认知概念和其他情感概念基本相同。道德概念是建构起来的。

正如人们所猜测的那样,在感觉运动期,没有证据表明他们理解游戏规则或其他道德概念。在生命的最初几年,往往延伸到认知发展的前运算期(2—7岁),诸如弹珠之类的活动游戏是根据儿童一时的兴致进行的。在这一水平的儿童完全不理解什么是规则。儿童参与的活动是非社会性的。对感觉运动型儿童来说,弹珠只是供他们探索的物品,仅此而已,儿童的乐趣来自这项活动。

虽然2岁的孩子通常还没有开始构建道德概念,但他们显然已经发展了情感、偏好和好恶,而且他们正在进入社会领域。这些经验对于道德情感的发展和情感的进一步发展是必要的。从此开始,儿童的世界越来越受到与他人互动的影响。

总　结

普通的2岁儿童在认知和情感上都与出生时的婴儿不同。本章介绍了皮亚杰对这种转变所构建的概念。出生时,孩子的行为是反射性的。在出生后的第二个月,婴儿主要通过吸吮反射,对其周围环境中的物体进行原始的区分。在第四和第八个月之间,通常第一次出现视觉和触觉的协调。孩子会抓住他或她所看到的东西(第三阶段)。在第一年结束时,孩子开始有物体的永恒性意识,并意识到除自己以外的对象可以引起事件。两个(或更多)熟悉的图式被协调起来,以解决新的问题(第四阶段)。在第二年早期,真正的智能行为通常会发展起来;孩子通过实验构建新的解决问题的方法。此外,孩子还将自己视为各种对象中的一员(第五阶段)。在第二年结束时,孩子开始能够内化再现物体和事件。这种能力将孩子从感觉运动智能中解放出来,让他们能通过心理活动发明新的解决问题的方法。

婴儿是否会构建知识？在皮亚杰看来,他们显然会。出生后不久,同化和顺应的功能就很明显。在出生后的最初两年,所建构的知识大部分是物理知识,即关于物体的物理特性的知识。婴儿通过对物体的操控来发现其在环境中的属性。本章的大部分讨论都是针对儿童的逻辑—数学知识的发展。关于因果关系、空间和客体概念是逻辑—数学范畴里的例子。每一个概念都涉及关系,都是由儿童在头脑中创造的。

与认知结构的发展同时进行的是情感结构的发展。我们已经看到,婴儿出生时的反应主要是反射性的(如哭泣),缺乏区分。随着最初的认知分化,可以观察到最初获得的情感。这些都与婴儿的行为有关。在出生后的第二年,喜欢和不喜欢被观察到,情感开始在行动的选择和回避中起作用。在生命最初两年的大部分时间里,情感被投入到自我和自己的活动中,这主要是因为小婴儿还没有在认知上构建这样的概念:世界是由许多物理上独立的客体组成的,婴儿(自我)是其中之一。因此,在生命的第二年,就有可能对自我以外的客体(其他人)投入情感。这时,对他人的喜欢和不喜欢第一次被表达出来。

一个婴儿出生时是非社会性的。在一开始,他或她所做的一切都不涉及真正的社会交流。到出生后第二年年底,普通的婴儿在心理上已经发展到可以进行真正的社会交流的程度。

感觉运动发展的认知方面是随着儿童对环境的行动而发展的。儿童的行动是自发的。特定行动的动机是内在的。同化和顺应的适应和组织功能从一开始就在运作,导致图式在质量和数量上的不断变化。可以看出,儿童从原始水平开始构建知识,试图理解周围的世界。这个过程是一个自我调节的过程。

每个新时期的特点体现在行为上,它反映了质量上乘的认知和情感结构。在出生后最初两年的智力发展中,可以看到每个新的发展时期都包含了以前的时期。新的时期并没有取代旧的时期,而是在此基础上加以改进。同样地,每个发展阶段都有助于

解释后面的阶段。在整个认知发展的过程中也是如此。

随着婴儿认知能力的发展，所促进的变化会影响所有领域的行为。概念的发展不是相互独立的。例如，在第四阶段（8—12 个月），普通的孩子第一次能够有条理地转动奶瓶，以便他或她能够得到乳头。这意味着孩子的概念或图式是什么？首先，这种行为表明孩子意识到了客体的永恒性。当对物体的视角改变时，物体的形状也不会改变（客体概念）。因为所有的行为都发生在空间里，所以孩子也必须有一个关于空间和物体之间关系的功能概念。此外，把瓶子转过来的行为显然是一种有意的行为，需要一定程度的手眼协调。这些能力中的每一项都是在差不多的时间内发展起来的。它们的发展路径是一致的。随着儿童的同化和顺应，他或她的所有图式都得到了细致梳理。因此，不断发展的行为反映了许多模式的质的变化。

重要的是要认识到，智力发展是一个自我调节的过程。同化和顺应的过程是内部控制的，而不是外部控制的。情感通过对行为的选择和激发在这种控制中起着重要作用。皮亚杰说："所有的智力发展都是生物意义上的适应。"在感觉运动阶段的每个时期，都会出现新的、更细致的能力和不断增强的自我控制能力。每一点进步都会使孩子们更好地应对生活的需求。因此，智力发展是适应性的。

在完成感觉运动发展后（会在 2 岁之前或之后），孩子已经到达了概念发展的一个节点，这对在发展的下一个主要方面，即前运算思维时的口语和其他认知与社交技巧发展而言，是很有必要的。从这时起，儿童的智力发展越来越多地发生在概念—符号领域，而不是主要在感觉运动领域。这并不意味着感觉运动发展的结束；这只意味着智力发展将越来越多地受到表征、象征和社会活动的影响，而不仅仅是运动和感觉活动。

第四章　前运算思维的发展

在前运算思维发展期间(平均年龄为2—7岁),儿童从一个主要以感觉运动模式运作、通过行动进行"思考"的人,演变为一个日益以概念和表征模式运作的人。孩子变得越来越能在内部表征事件(在脑海中完成行动序列,或思考),并越来越不依赖他或她当前的感觉运动来决定行为。

在2至7岁之间,儿童的思维以新出现的能力为特征。本章将讨论前运算思维的几个最重要的特征。首先介绍的是表达技能的发展和行为的社会化。随后将讨论前运算期儿童的思维特点。这些特点是以自我为中心、集中化、缺乏可逆性和不能跟随转变。

表　达

前运算阶段的主要发展是表达物体和事件的能力。有几种表达在发展中很重要。按其出现的顺序,它们是延迟模仿、象征性游戏、绘画、心理想象和口头语言。每种表达都是在2岁左右开始出现的。每种表达都是一种表达形式,即用该物体和事件以外的东西(能指)来代表该物体和事件(所指)。皮亚杰将此称为象征功能,或符号功能,即对符号和标志的使用。

象征是与它们所代表的事物有某种相似性的东西:绘画、剪影等等。符号是任意的东西,与它们所代表的东西没有相似之处。书面和口头语言以及数字都是符号系统的典型。

让我们研究一下上面提到的五种表达形式。

滞后模仿

早在婴儿出生后的第三个月,就可以观察到他们试图模仿在场的其他人。直到出生后的第二年,才会出现第一批真正的心理表现形式。滞后模仿,是对一段时间内未出现的物体和事件的模仿。例如,孩子自己玩糍粑,模仿早先与父母的对话,就是在进行滞后模仿。滞后模仿的意义在于,它意味着孩子已经发展出对所模仿的行为进行心理表述(从而记住)的能力。如果没有表象,滞后模仿将是不可能的。因为孩子通常试图准确地复制先前的行为,所以模仿主要是一种适应。

象征性游戏

前运算阶段儿童进行的第二种表达形式是象征性游戏。人们可能会观察到一个孩子拿着木块,把它当作一辆汽车来玩,并赋予它汽车的所有属性。这就是象征性游戏,一种假装的游戏,一种在感觉运动发展中所没有的活动(Wadsworth 1978)。

象征性游戏的本质是模仿性的,而它也是自我表达的形式,这种表达最初只有自己是目标受众,不存在与他人交流的意图。在象征性游戏中,儿童构建符号(可能是独特的),发明能表达他或她想要的任何东西,不受任何束缚。这与其说是自我对现实的顺应(如延迟模仿),不如说是自我对现实的同化。正如皮亚杰在1967年写道,"[象征性游戏的]功能是通过将现实的东西转化为期望的东西来满足自我"(p.23)。

儿童在游戏中所表达的意义对观看者来说不一定是明显的。因为象征性游戏没有像模仿和绘画那样有共通的焦点,而且象征性游戏不是针对自我以外的观众,所以儿童在游戏中表达什么对观察者来说常常是完全不清楚的。尽管我们可能认识到孩子玩积木是在假装它是一辆汽车,但我们可能不会认识到蜷缩在地板上一动不动的孩子是在假装一只睡着的动物。

儿童游戏从表面上看,对儿童的认知和情感发展没有什么价值。然而,皮亚杰向我们保证,象征性游戏的自由性具有本质上的功能价值,而不只是转移注意力。

> 在象征性游戏中,这种系统性的同化采取了符号(象征)功能的特殊使用形式,即随意创造符号,以表达儿童生活经验中不能仅仅通过语言来表述和同化的一切。(Piaget and Inhelder 1969, p.61)

因此,当语言不能充分表达或在儿童看来不合适时,象征性游戏就是各种想法、思想和关心的聚会。

绘　画

前运算早期儿童对蜡笔、铅笔和毛笔的使用最初相当于涂鸦。起初,孩子对画(表

达）东西没有任何预想，尽管有时在涂鸦过程中会出现一些形式。在前运算阶段的过程中，儿童越来越多地试图通过绘画来表达事物，他们努力表达得更加逼真。

幼儿的图画本意通常是写实的，虽然直到八九岁，孩子才会开始画他们所看到的，即视觉上准确的东西，而之前他们画的是他们所想的，这使得画面会让人不解。因此，如果让五六岁的孩子在山坡上画房子和树，他们就会把房子和树画得与山坡垂直（见图4.1）。直到八九岁，他们才能够协调山坡和地平面，画出与地面垂直的物体。

图4.1

心理图像

心理图像是物体和过去知觉经验的内在表达（象征），尽管它们不是这些经验的精确副本。图像不是储存在头脑中的感知的副本，就像图画与它们所代表的东西有相似之处一样，心理图像也是对知觉的模仿，并且必然与知觉本身有相似之处。在这个意义上，图像被认为是一种象征。

在前运算发展阶段，图像主要是静态的。根据皮亚杰和英海尔德（1969）的说法，运动的形象开始出现在具体运算的层面。因此，这一时期的心理图像更像图画或照片（静态），而不是像电影。

口　语

在前运算期的发展过程中，最明显的发展是口语的发展，这是最后一种要讨论的表达形式。在2岁左右（会有几个月的出入），普通的儿童开始使用口语作为符号来指代物体。一个声音（单词）表达一个物体。起初，孩子使用一个词的句子，但因为有正常的社会交往，他或她的语言能力会迅速扩大。到4岁时，普通的儿童已基本掌握（构建）口语的应用。孩子能说并使用大多数语法规则，如果听到的是熟悉的词汇，就能理解。在这个发展阶段之前的儿童可能会以模仿的方式使用词语。他们在第一年可能会说“妈妈”或“爸爸”。这些早期的单词通常不是用来表达物体的,也不是表征意义上的语言。

这种符号表征形式(口语)的迅速发展,有助于促进这一阶段的概念快速发展。关于语言对智力生活的影响,皮亚杰写道:

> [语言]有三个对智力发展至关重要的意义:(1)与他人进行语言交流的可能性,这预示着社会化行动的开始;(2)言语的内化,即思想本身的出现,由内部语言和符号系统支持;(3)最后也是最重要的,是行动的内化,从现在开始,它不再像以前那样是纯粹的感知和运动,可以通过图片和“心理实验”直观地表达出来。(1967, p. 17)

口语的发展

口语(和其他形式的表达)①为儿童打开了以前没有打开的门。在语言的推动下,行为内化通过表达,加快了经验产生的速度。

在感觉运动发展期间,“经验”产生的速度只和运动发生的速度一样快。实际上,儿童必须完成行动才能“思考”(行为产生“想法”)。随着前运算发展期间表达的发展,思考可以开始通过表达而不是单靠行动产生。表征思维比依靠行动的思维更快,因为前者不需要动作。

1926年,皮亚杰根据他对幼儿对话的观察,提出前运算期儿童的语言基本上有两种分类:自我中心的言语和社会化的言语。以自我为中心的言语的特点是缺乏真正的交流。从2岁到四五岁,儿童的言语在一定程度上缺乏交流的意图。孩子经常在别人面前说话,但没有任何明显的意图让别人听到这些话。即使孩子在别人面前说话,也往往没有交流。这种类型的非对话被皮亚杰称为**集体性独白**。这种说话显然是以自我为中心的。下面的例子展示了前运算期早期儿童的非交流性的以自我为中心的言语:

---

①除口语外,前运算阶段儿童使用和理解的表达形式包括绘画、一些符号和图片及其内在“图像”。对一些书面形式的表达,如字母、书面语和数字的使用和理解,会在之后发展。

L 女士告诉一群孩子，猫头鹰在白天视力很差。

列夫："嗯，我很清楚，它不能。"

列夫：（在一张桌子旁，那儿一群孩子都在忙）"我已经做过卫星了，所以我得改一下。"

列夫：（捡起一些麦芽糖的碎屑）"我说，我有一堆可爱的眼镜。"

列夫："我说，我有一把枪可以杀了他。""我说，我是马背上的队长。""我说，我也有一匹马和一把枪。"（1926，p.41）

这些言语的例子显然是以自我为中心的，列夫只是在大声思考他的行动，并不想给任何人任何信息。他是在别人面前与自己对话（集体性独白）。

到六七岁时，语言通常已成为相互交流性质的了。儿童的对话越来越多地涉及思想的交流。在下面的例子中，现在比上一个例子大得多的列夫在对话中会与他人交流。

派（6;5）："现在，你还不能拥有它[铅笔]，因为你要先请求。"希（6;0）："我能的，因为它是我的。"派："它当然不是你的。它属于每个人，属于所有的孩子。"列夫（6;0）："是的，它属于 L 女士和所有的孩子……"派："它属于 L 女士，因为她买了它，它也属于所有的孩子。"（1967，p.88）

很明显，上面的例子涉及交流的问题。在更早的案例中，列夫只对自己说话。在这里，一个孩子对其他人说话，而且显然是想让他们听到。

皮亚杰将前运算阶段的语言发展视为一个逐步的过渡过程，即以**集体性独白**为特征的自我中心的言语变为了社会化的交际性言语。①

儿童如何学习口语

口语是社会知识的一种形式。语言中使用的符号是任意的，与它们所表达的内容没有关系。所有文化语境中的大多数儿童在 2 岁左右开始掌握他们的母语。由于语言学习是如此普遍，人们很容易相信口语的习得是自动或天生的。皮亚杰的理论强调

①所有儿童都会使用以自我为中心的言语和社会化的言语。这里的重点是，前运算早期的儿童通常比更大些的儿童使用相对更多的自我中心言语。

指出，情况并非如此，口语是后天获得的（构建的）。皮亚杰（1963b）写道：

> 从最根本上说，正是遗传性质传播机制使这种习得成为可能。然而，语言本身是通过外部传播学习的。自从人类开始说话以来，从来没有一个现成的语言结构的遗传性出现的例子。（p.4）

当然，考虑到当时的发展水平，我们一生中面临的最困难和最复杂的任务之一是学习使用和理解口语。在2岁时，儿童开始掌握口语，这是一个任意符号的系统。尽管模式是绝对必要的，但儿童在学习口语方面没有得到正式的指导。总的来说，儿童相当迅速地掌握了语言的使用。在发展水平较高的成年人面前，是否有同等难度的学习任务？我认为没有。

皮亚杰的理论表明，学习口语的动机是有其**适应价值**的。因此，儿童学会一个词作为表达（如饮料或饼干），能够更有效地与他或她的看护者沟通，并使个人需求得到满足。因此，语言学习对儿童具有直接和持久的价值（适应价值）。①

儿童是如何学习口语的？儿童获得口语的方式与他们获得所有其他知识的方式相同。儿童构建语言，在一开始，孩子的任务类似于破译密码。儿童从他或她的社会语言经验中找出（构建）语言的规则。② 随着经验的积累，儿童的构建变得更加完善（密码被破解得更加彻底）。通常在2到4岁之间会有很大的进步。

语言和思想

语言和思维之间的关系是很重要的。皮亚杰对感觉运动发展的表述表明，智能行为的雏形在语言发展之前就已经形成。

---

①在某些情况下，儿童在2到4岁之间没有学会说话，其原因可能是没有任何适应价值让他们这样做。一个例子是一个3岁半的男孩，他很少使用语言，被怀疑是智障者。调查确定，这个男孩的母亲非常善于预测这个男孩的每一个需求，并且有效地做到了这一点。每个需求都得到了满足。该男孩几乎不需要说话或学习说话。其他的例子可以在沃兹沃斯1978年的著作中找到。

②在双语家庭中长大的孩子同时学习两种语言，没有任何明显的费力。在5岁之前，孩子们往往会在谈话中混合两种语言。他们交替使用两种语言的词汇，当有人对他们说话时，他们不难理解其中任何一种语言。大约在5岁时，他们意识到他们正在处理两种不同的且可以说是平行的代码，就会迅速开始在他们的谈话中分清两种语言。

> 智能实际上远在语言之前出现，也就是说，远在内在思维之前，而内在思维的前提是使用语言符号（内化的语言）。它是一种完全实用的智能，基于对物体的运算；它使用准则和动作而非语言和概念来组成“行动模式”。例如，抓起一根棍子以移动远处的物体是一种智力行为（而且是相当晚期的发展：大约18个月）。在这里，工具、达到目的的手段，与一个预先确立的目标相协调……，还可以举出许多其他的例子。（Piaget 1967，p.11）

皮亚杰认为，内在表达的出现（口语是其中一种形式）增加了思维的范围，提升了思维的速度。他认为，表达和感觉运动行为之间有三个主要区别。首先，感觉运动模式中的事件顺序受限于感觉运动行为的速度，使感觉运动智能相对缓慢。另一方面，内化的语言所代表的行为可以以思维的速度进行，相对较快。其次，感觉运动的适应仅限于儿童的直接行动，而语言允许思考和适应的范围超越目前的活动。最后，感觉运动智能是以一步一步的方式进行的，而表征思维和语言则允许儿童有组织地同时处理许多元素（Piaget and Inhelder 1969）。

因此，由于语言是物体和事件的表达形式，涉及语言的思维从感觉运动思维直接作用的限制中被解放出来。智力活动可以迅速进行，其范围和速度是此前不可能达到的。

另一个重要的问题是，（简单化地来看）是语言决定了逻辑思维，还是思维决定了语言。每种语言都有一个逻辑结构，它是一个社会精心设计的关系、分类等系统。语言在孩子存在之前就已经存在了。这是否意味着语言的逻辑是儿童所有逻辑的来源，还是儿童发明和创造了他或她自己的逻辑？1909年，皮亚杰和英海尔德引用了两种研究来支持他们的论点：语言既不是确保逻辑思维发展的必要条件，也不是充分条件。对聋哑人（没有口语）的研究表明，他们的逻辑思维发展的顺序步骤与正常儿童相同，但在某些运算上有一到两年的延迟。这表明，语言对于逻辑运算的发展并不是必需的，但它显然是一个促进因素。对语言发展正常的盲童进行的其他研究表明，在同样的任务中，他们的延迟时间更长，最长可达四年。盲童从出生起就在感觉运动模式的发展方面受到阻碍，而正常的语言发展并不能弥补这一缺陷。

> 儿童B（贝蒂）听到了儿童A（阿尔伯特）的话。儿童B通过她的图式处理这些词语（符号），得出它们的意义。意义存在于图式中，而不是单词中。现在看来，儿童B是否能最终获得儿童A希望传达的**相同意义**，部分取决于他们是否都有使

之奏效的图式。如果他们的结构有很大的不同，那么他们理解"对方"的可能性似乎很低。如果他们的结构"相同"或相似，那么他们进行有意义的理解的能力就会大大增强。（Wadsworth 1978，p.109）

在皮亚杰看来，语言的发展是建立在感觉运动运算和使用口语的正常社会环境的前提下的。因此，感觉运动运算的发展是语言发展的必要条件，而不是反过来。只有在实现了能内在表达经验的能力之后，儿童才开始构建口语。当语言发展时，概念能力也在平行发展，语言有助于促进这些能力的发展，部分原因是语言和表达能力可以让概念活动比感觉运动运算更迅速和更广泛地进行。这种发展被视为认知发展的促进因素（如在听障儿童中），但不是认知发展的先决条件，也不是认知发展的必要条件。

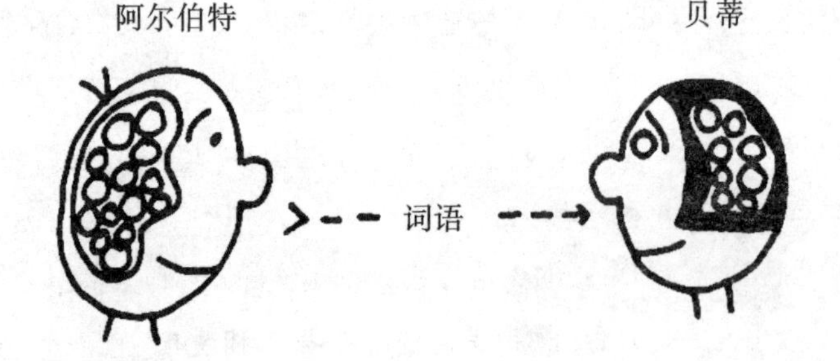

= 结构、图式或概念

物理知识和逻辑—数学知识的发展取决于儿童的活动。儿童从自发的行动中构建知识。语言在物理和逻辑—数学知识的构建中并不发挥直接作用。在社会知识的建构中，口语的作用主要是为儿童和他人之间提供有效的交流手段。这有助于使儿童更容易获得社会经验。随着儿童交流技能的提高，遇到他人与自己观点冲突的机会也会增加。这种社会活动是不平衡的、重要的一般来源。

行为的社会化

皮亚杰（1963b）写道："个人不是生来就是社会性的，而是逐渐变成社会性的"（p.6）。几乎每个新生儿都会遇到一个以社会性方式对其作用的环境。新生儿对环境的反应基本上限于反射性反应，最初并不是社会性的。我们已经看到，在出生后的最初两个月，婴儿开始对环境进行区分（如吸吮反射），并与父母发生积极的交流。随着

口语发展的开始,社会交流得到了促进。

尽管一些理论家认为存在着一种遗传的“社会本能”,并认为它解释了社会发展的普遍性,但皮亚杰认为情况并非如此,而是儿童随着时间的推移变得越来越社会化。“婴儿的行为从一开始就受到社会因素的制约”(1963b, p.6)。正如认知和情感的发展一样,皮亚杰认为,社会发展是随着儿童对社会环境的行动和与之互动而进行的,并为社会行动构建了模式。由于情感发展与认知发展密不可分,社会发展与认知和情感发展也密不可分。我们已经看到,在前运算阶段早期盛行的以自我为中心的言语具有社会性。正如我们将在本章后面看到的,前运算阶段的自我中心主义在很大程度上是由于儿童不能从他人的角度出发,这是此时认知发展的一个特点和限制。

社会发展的一个认知方面是社会知识的获得,这在前面(第二章)讨论过。社会知识是由每个儿童在与成人和其他儿童互动时建构的。很明显,在皮亚杰看来,在任何时段,一个人的认知发展水平决定了他所能构建的社会知识的性质。在内部表达的认知能力发展之前(大约2岁),不会获得口语能力。

同样地,情感的发展在社会发展中也起着作用。社会、认知和情感发展的相互联系在本书关于道德推理的讨论中得到了说明。

前运算阶段思维的特点

皮亚杰认为,儿童的行动和他或她的思想之间有三个层次的关系。第一个是对环境直接行动的感觉运动水平。从出生到2岁,所有的图式都是感觉运动的,并依赖于儿童的行动。第三个层次,通常在7或8岁以后,是运算或逻辑思维的水平。儿童开始能够以不依赖直接感觉运动的方式进行推理(具体的运算性思维)。2至7岁是前运算期或前逻辑期,它比感觉运动智能有进步,但不如后期的逻辑运算先进。在前运算期,认知行为仍受知觉活动的影响。行动可以通过表征功能内化,但思维仍与感知相联系(Piaget and Inhelder 1969)。

前期思维的以下特点是持续发展的必要条件。此外,它们也是完整逻辑思维的障碍。逻辑思维的障碍是自我中心主义、转换、集中化和可逆性。

自我中心主义

皮亚杰将前运算期儿童的行为和思维描述为**自我中心主义**,也就是说,儿童不能扮演别人的角色,也不能看到别人的观点。他认为每个人都和他想的一样。因此,以自我为中心的孩子从不质疑自己的想法,因为在他看来,这些想法是唯一可能的,因此必须是正确的。

前运算型儿童不会反思或思考自己的想法。因此,他从来没有动力去质疑自己的想法,即使当他面对与他的想法相矛盾的证据时。当出现矛盾时,以自我为中心的孩子会倾向于得出结论,认为证据一定是错误的,因为他的想法一定是正确的。因此,从孩子的角度来看,他的思维总是符合逻辑的,是正确的。

这种以自我为中心的思想并不是有意为之的。孩子仍然不知道他是以自我为中心的,因此从未寻求解决这个问题。自我中心主义在前运算阶段儿童的所有行为中都有体现。如前所述,2 到 6 岁儿童的语言和社会行为基本上是以自我为中心的。当有他人在场时,孩子会自言自语(集体性独白),而且常常不听别人说话。言语行为很少涉及沟通或信息交流,因此在大多数情况下是非社会性的。

直到 6 岁或 7 岁左右,儿童才意识到他们的想法和同龄人的想法可能发生冲突。有了这种意识,儿童开始迁就他人,自我中心的思想开始让位于社会的肯定。同龄人之间的社会互动、自我的想法与其他人的想法的反复冲突,最终使儿童陷入动摇(不平衡化)质疑并想证实自己的想法。正是冲突、社会互动,成为儿童的验证来源。可以肯定的是,一个人的思想只有通过与他人的思想比较才能得到验证。因此,同龄人群体的社会互动是逐渐导致认知上的自我中心主义解体的主要因素。这是对社会世界的一个重要**顺应**。

尽管自我中心主义遍及前运算期儿童的行为,但不应该认为自我中心主义行为在其他发展阶段不会发生。思想的自我中心主义是认知发展的一个持续部分。在不同的发展水平上,自我中心主义有不同的形式,但总是以思维的不**分化**为特征,即推理中每一个新进展在最初应用时都有的特征。感觉运动期的儿童最初是以自我为中心的,因为他没有区分作为对象的自我和其他对象。我们已经看到,前运算阶段的儿童最初无法区分别人的想法和自己的想法。我们将看到,在发展的后期,儿童很难区分感知事件和心理建构(具体运算推理),以及“理想 ”建构的世界和“真实”世界(形式运算推理)。因此,自我中心主义并没有消失,而始终是所有新的思维层次最初使用时的一个因素,只是在每一个新的层次上采取的形式略有不同。在前运算意义上,2 到 4 岁的儿童比 6 到 7 岁的儿童更一贯地以自我为中心。随着发展的进行,自我中心主义慢慢减弱,而当新的认知结构被构建时,自我中心主义又以不同的形式恢复。因此,自我中

心主义是一种正常的特征,以特定的方式遍及发展各个时期的思维。

以自我为中心的思维虽然是前运算思维的必要特征,但似乎限制了该阶段智力结构的发展。因为儿童自己的推理从未要求去质疑他自己的思维或验证他的概念,所以智力发展在那个时候受到了限制。尽管自我中心主义在某种意义上限制了前运算水平的认知发展,但它是该水平和任何新获得的认知特征在初始应用时的一个基本和自然的部分。在克服自我中心主义之前,人的思维一定是以自我为中心的。

转化推理

前运算期儿童思维的另一个特点是他们不能成功地推理出转换的问题。在观察一连串的变化或连续的状态时,孩子只关注序列中的**元素**或连续的状态,而不关注一个状态向另一个状态的**转变**。孩子并不关注从原始状态到最终状态的转变过程,而是将注意力限制在每一个发生的中间状态上。孩子从一个特定的知觉事件转移到一个特定的知觉事件,但不能以任何起始关系的角度来整合一系列的事件。他的思维既不是归纳性的,也不是演绎性的;它是直推式的。

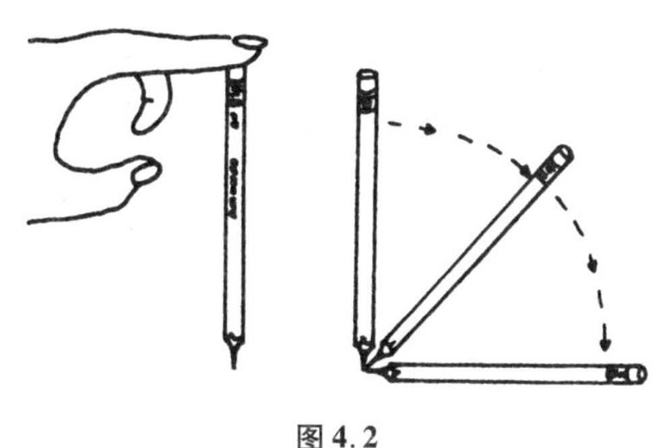

图 4.2

例如,如果一支铅笔被竖起来(图 4.2)然后让它掉下来,它就会从原始状态(垂直)到最终状态(水平),并完成了一系列连续的连续状态。前运算阶段的儿童在看到铅笔掉落后,通常不能画出或以其他方式再现连续的步骤。他们不能注意或重构转换过程。他们通常重现的只是铅笔的初始和最终位置。

第二个缺乏转换推理的例子是,一个孩子在树林中行走,在小路的不同处看到了蜗牛——每次都是不同的蜗牛。孩子无法分辨它们是同一只蜗牛还是不同的蜗牛。孩子无法**重建**事件之间(蜗牛之间)的转变。

前运算阶段的儿童无法遵循转换,这限制了思维逻辑的发展。因为儿童没有意识到事件之间的关系以及这一切可能意味着什么,事件状态之间的比较总是不完整的。

集中化

前运算阶段思维的另一个特点是皮亚杰所说的集中化。儿童在面对视觉刺激时，往往会将注意力集中或固定在刺激物上有限的知觉方面。孩子似乎无法探索刺激物的所有方面，也无法将视觉检查去**中心化**。结果是，孩子在集中化时，往往只吸收事件的有限方面，即他们所关注的点。任何认知活动似乎都被知觉方面所支配。知觉评价（在前运算儿童中）支配着认知评价，其方式与在感觉运动儿童的直接行动中一样。

一个4岁或5岁的孩子被要求比较两排相似的物体，其中一排有九个物体，另一排较长但只有八个物体（间距较大），他通常会选择感知上较长的一排，认为它有“更多”物体。即使孩子在认知上“知道”9个比8个多，也会出现这种情况。感知性评价支配着认知性评价。推理和知觉之间的冲突以有利于知觉的方式解决。思维是**前运算**式的。

儿童倾向于以物体的知觉方面为中心。只有随着时间的推移和经验的积累，他才能够**去中心化**，并以与认知相协调的方式评价知觉事件。6岁或7岁以后，相对于知觉，儿童的认知开始在思维中占据中心位置。

可逆性

皮亚杰认为，可逆性是智力的最明确的特征（1963b, p. 41）。如果一个孩子的思维是可逆的，他就可以沿着一条推理线回到它的起点。例如，一个没有可逆性思维的孩子被展示了两排等长的八枚硬币。他同意每一排都有相同数量的硬币。当他在看的时候，其中一排被拉长了。他不再同意每排有相同数量的硬币。他的部分问题是她无法在心理上**逆转**拉长的行为。面对与数字无关的维度（长度）的知觉变化，他无法保持数字的等同性。只有当运算变得可逆时，他才能够解决此类问题。无法逆转运算是前运算期儿童认知活动的特点。

前运算阶段思维保留了感觉运动思维许多僵化的部分，尽管前运算阶段推理比感觉运动推理有明显的进步。它是相对不灵活的，由感知主导，而且最初是不可逆的。对儿童来说，实现可逆运算是非常困难的。如果考虑到大多数感觉运动运算根据定义是不可逆的，那么这就能说明问题。同样地，感觉在经验中也不能被逆转。因此，基于先前的感觉运动模式和感知的表征行为，必须在先前模式少有可循的情况下发展可逆性。①

---

①大多数动作是不完全可逆的，从水龙头里流出来的水不能再流回水龙头里。扔出去的球不能反向回到自己手里。有些动作是可逆的或接近可逆的。一扇房门或户外的门可以打开，然后关闭。一个物体（如积木）可以被翻过来，然后再翻过去。因此，尽管儿童观察和参与的许多行动并不具备明显的可逆性，但有些行动是可逆的。

感知运动型和前运算型儿童从他们对环境的行动中建构关于空间和因果关系等方面的概念和知识。环境包含物理元素和秩序；当儿童作用于这些元素时，概念就会被构建或“发现”（物理知识）。某些概念或知识不能直接从环境中的例子中构建或发现，而必须由儿童发明。许多逻辑—数学概念就是如此。例如，环境中没有许多可逆性的物理例子让儿童可以用来发展思维和推理的可逆性。因此，可逆性必须由儿童自己创造。

皮亚杰的自我中心主义、集中化转换和可逆性等概念是密切相关的。这些概念的存在与否都支配着前运算早期的思维。随着认知发展的发生，这些特征逐渐统一消退。自我中心主义的消退让（要求）儿童更多地去中心化，并关注简单的转化。所有这些反而有助于儿童构建可逆性。

守　恒

上面描述的前运算思维的特征可以被看作是逻辑思维的障碍。然而，它们对于逻辑思维的发展是必要的，而且是自然发生的。在被称为守恒性问题上就明显能说明这点。本节所描述的问题是由皮亚杰和他的同事们开发的，用于评估儿童的概念发展水平和他们在相关概念方面的成就水平。

守恒是一种概念化的说法，即不相关的维度无论发生什么变化，物质的数量或数额都保持不变。例如，如果我们有一排八个便士，我们把这些便士在这一排中间隔得更远，我们仍然有八个便士。也就是说，当与数字无关的维度（这里是指排的长度或便士之间的距离）发生变化时，便士的数量不会改变。对数量不变的认识意味着数量守恒保存数字的能力和相应的图式已经形成。缺乏这种意识意味着缺乏的能力，相应的图式（可逆性）没有发展。守恒能力的水平是衡量儿童已发展的逻辑—数学结构的标准。在前运算发展期间，儿童通常不能守恒；也就是说，面对其他维度的变化，他们不能认识到一个维度的不变性。在前运算阶段结束时（7 岁），一些守恒结构（如数量守恒）通常已经形成。

从不守恒到守恒的发展是一个渐进的过程，是由积极重建发展中的图式实现的。与认知结构（图式）的所有其他变化一样，这种变化在很大程度上是由儿童的行为（认知和感觉运动）决定的。根据皮亚杰的观点，守恒结构不能通过直接指导（教学）或强化技术来诱导。主动构建是关键。接下来将介绍数字、面积和体积守恒的问题。

数量守恒

如果一个4到5岁的孩子看到一排跳棋或其他物体，并被要求构建一排具有相同数量的跳棋，他通常会构建一排相同长度的，但他这排的跳棋数量可能与模型的不相同。普通的构建过程是将两个跳棋对应模型中一排的两端放置，然后随意地填入一些跳棋。如果有一一对应，那也是偶然的（Piaget 1967）。

普通的5至6岁儿童通常更有条理。当被要求执行同样的数量守恒的任务时，孩子经常使用一对一的对应关系，使每一排的数量和长度与模型相等。但如果他看到有一排被拉长了（如图4.3中的变换），而元素的数量没有任何变化，他就会宣称它们不再相等，长的那一排有更多数量。当被问及他们的推理时，他们通常表示，那一排有更多的内容，因为它更长。即使孩子准确地数出了每排的元素，也往往是如此。前运算期的儿童认为，只有当阵列的长度存在视觉上的对应关系时，这几排的数量才是相等的（Piaget 1967）。

普通的5岁儿童不会数量守恒。他还不能推理出，面对与数字无关的维度的感觉变化，一排中的元素数量不会改变。根据皮亚杰的理论，在一个转变（一排的长度）之后，情况往往是孩子对感觉特征做出了反应。这可以从他为自己的答案提供的**推理**中推断出来。① 就以前的**集中化**概念而言，孩子关注或集中于事件的一个方面，像一排的长度，而忽略了他在认知上意识到的另一个突出方面：物体的数量。另外，孩子并不关注刺激物阵列的转变，而是关注每一个连续的状态，好像它与之前的状态无关。因此，孩子由于无法去中心化，无法专注于**转换**，通常最终会做出感觉反应。由于无法**转化**他所看到的变化，他只好诉诸感觉反应。在这一点上，儿童是受感觉约束的。当遇到

①皮亚杰开发了一个方法，用于评估儿童在特定图式或概念方面的知识构建。这就是所谓的临床访谈。在这个方法中，儿童会面对一个具体的问题或语言问题，并要提出与兴趣的概念有关的问题。儿童的回答，无论是正确的还是不正确的，都会被要求说明他们回答的理由。这之后可能会有更多的问题和推理要求。考官的目的是要了解儿童当时的（数字）概念。因此，问题往往是针对儿童以前的回答和推理而当场提出的。只有当考官认为儿童对某一概念的理解程度已经确定时，与该概念有关的临床访谈才会结束。

在这个过程中，考官从孩子的回答和推理中推断出孩子的理解力。孩子的推理至少和答案一样重要。孩子可以提供正确的答案（“两行都有相同的数字”），也可以有不正确的推理（“我猜的”或“我以为你想骗我，所以我没有说什么想法”）。正确的答案和正确的推理都是得出儿童已经完全构建了概念的结论所必需的。

关于皮亚杰的临床方式和评估方法的更完整讨论，可以在沃滋沃斯1978年论著中找到。关于皮亚杰对该方法的最初讨论，见皮亚杰1963a。

一个问题时,在他的头脑中认知和感觉的解决方案发生冲突,他就会根据感觉的信号做出决定。

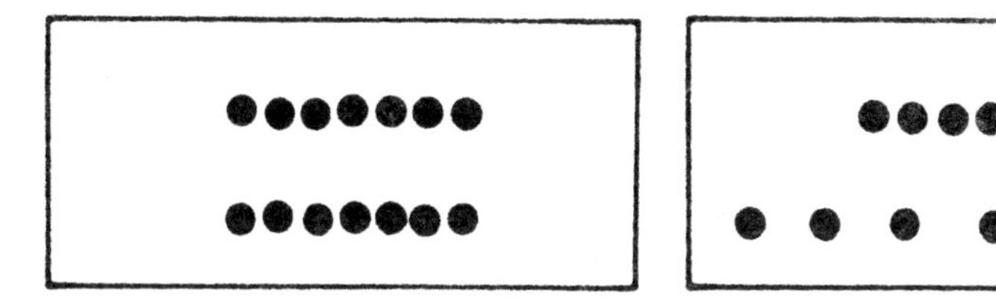

图 4.3

在 6 岁或 7 岁时,当可逆性牢固地建立起来时,普通的儿童就会构建数量守恒所需的推理。同时,她使自己的感知**去中心化**,注意到了**转化**,并进行了可逆运算。他构建了一种意识,即一排的长度(一个不相关的维度)的变化并不会改变该排所含成分的数量。

面积守恒

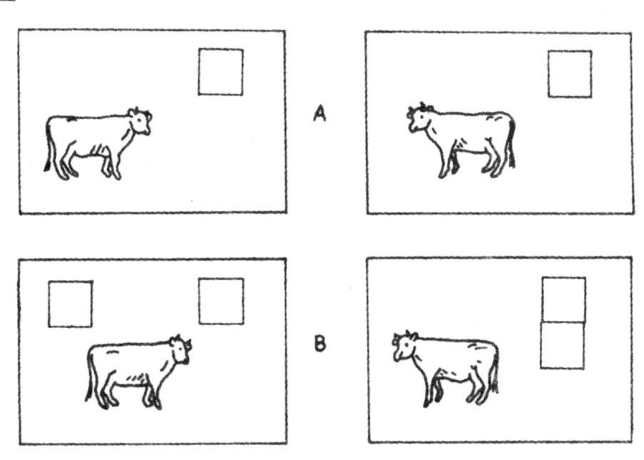

图 4.4

第二种守恒问题反映了儿童的**面积**概念。这可以通过"田野里的牛"问题(Piaget, Inhelder, and Szeminska 1960)来证明。如图 4.4A 所示,在儿童面前摆放两张同样大小的绿纸,并在每个区域放置一只玩具或剪纸牛。手头有几块同样大小的积木来代表建筑物。向孩子解释,现在有两块草地,每块草地上都有一头牛。问孩子:"哪头牛吃的草多,还是它们吃的草都一样多?"通常情况下,孩子的回答是两头牛都有相同数量的草可以吃。一旦确立了视觉上的面积相等,孩子就会看到在每块地里都放了一个仓房(一块)。然后重复这个问题:"现在哪头牛吃的草更多,还是它们都有同样多的草?"同样,回答通常是它们都有同样多的草。被孩子要求说出他们回答所用的推理并加以记录。在每块地里放上第二块积木，但在第一块地里，第二块积木被放在远离第一块积木的地方；而在另一块地里，第二块被放在第一块的旁边（见图4.4B）。重复提问："现在哪头牛有更多的草可以吃，还是它们都吃同样的数量？"不会守恒的孩子通常会说，第二块地（相邻的区块）里的牛有更多的草吃。同样要说出推理思维，他认为有两个相邻的仓房（一组仓房）的田地比有两个分开的仓房（两组仓房）的田地有更多的储存面积，尽管这些仓房被看成是同样大小。会守恒的孩子说，它们俩吃的东西都一样多。懂得守恒的孩子确定，仓房的位置与面积无关。重要的是仓房的数量。在这个问题上，可以通过扩展更多的仓房位置来检验守恒或不守恒反应的可靠性。①

再一次，处于前运算阶段、没有守恒概念的儿童作出了感知反应。第二块地看起来好像比第一块地的建筑物要少（因为建筑物是连在一起的）。孩子无法去中心化并关注事件的所有突出方面，也没有关注已经发生的**转变**。每一个新的位置都是独立于前一个的。因此，就像数量守恒问题一样，前运算期儿童未能守恒。直到7至8岁时，通常才会形成对这类问题进行面积守恒所需的知识和推理。

体积守恒

第三种守恒能力可以用液体体积的守恒问题来评估。通常可以通过以下任务来确定前运算阶段儿童是否有理解体积守恒的能力。如图4.5所示，让孩子观察两个大小和形状相同的容器，要求他比较两个容器中的液体量。必要时，在一个容器中加入几滴液体，以建立视觉上的等量关系。当达到等量时（对孩子来说），将其中一个杯子中的液体倒入一个更高更细的杯子（或更矮更宽的杯子），再次要求孩子比较两个盛有液体的容器："一个容器中的水比另一个多，还是它们都有相同的量？"和前面的问题一样，一个无关的维度（容器的形状）被改变了。普通的前运算阶段儿童认为这两个容器的体积不相等，并宣称其中一个（通常是更高更细的容器）有更多的液体。推理的依据往往是将该液体的高度与另一液体的高度相比较。这显然是一种非守恒的反应。如果再把液体倒回原来的容器中，孩子们通常会再次实现视觉上的等值，他们会说它们的量是一样的。

---

①农场的孩子们可能会根据他们的经验，对这个问题作出不同的回答。例如，有些孩子表示，有两个相邻仓房的田里的牛比有两个分开的仓房的田里的牛有更多的草可以吃。他们的推理有时是，仓房旁边的草的面积通常可以忽略不计或不适合吃，而由于相邻的仓房与田地的边数较少，所以该田地中可食用的草更多。从这个推理来看，不能断定他们没有面积守恒的概念。

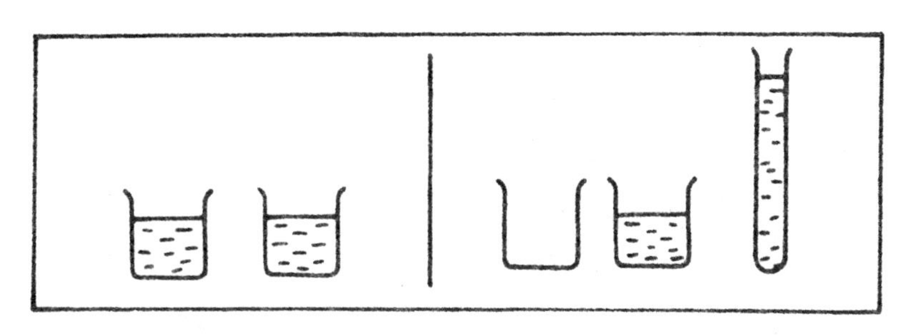

图 4.5

就像在前面的守恒问题中,前运算儿童通常不会注意他所看到的**转化**的所有方面。她的注意力集中在问题的感知方面。因为较高的圆柱体中的水柱看起来较高,它一定含有更多的液体。推理是不符合逻辑的。可逆性是不存在的。直到具体运算阶段(7 至 11 岁),通常才会出现液体体积守恒。①

前面的守恒问题说明了守恒的现象,但并还没有穷尽守恒现象。儿童逻辑思维的质量差异表现在儿童思维的所有方面。对于前运算期的儿童,随着一个不相关维度的变化,相关维度似乎也总会变化。而对于年龄较大的儿童来说,情况则正好相反,他们发展出的图式是能认知守恒的。

这里介绍的守恒情况有点过于简单。儿童并不是在一夜之间就能以全有或全无的方式发展出守恒图式的。凯米(Kamii, 1982)确定了三个不同的层次或子阶段,以达到数量守恒。守恒概念是在经历了许多经验和随后的同化和顺应之后慢慢形成的。皮亚杰将新的反应模式解释为反映了新构建或重建的智力结构。

获得能理解守恒的图式并不是在所有领域都同时发生的。对不同类型问题的守恒原则的应用通常有一个顺序,因此构成了一个发展的规模。能够守恒的结构通常是在以下年龄段按顺序获得的:

守恒	年龄
数量	5—6
质量	7—8
面积	7—8
液体体积	7—8

①液体问题通常在 7 或 8 岁以后解决。更复杂的体积守恒问题,如当物体浸没在水中所占体积的问题,要在 12 岁左右才能解决(Piaget and Inhelder 1969)。

重量	9—10
固体体积	11—12

这种发展顺序表明，液体体积守恒的能力意味着面积、质量和数量守恒的能力。每一种新的守恒总是意味着在这个序列中的前几个层次已经达到了。①

从1937年到1977年，皮亚杰和他的合作者几乎一直在进行和发表关于儿童获得守恒概念的研究(Easley 1978)。皮亚杰和他的合作者在日内瓦进行了几十项研究，以更彻底地了解守恒现象，以及更广泛地了解儿童的知识建构。此外，对守恒感兴趣的各国学者也进行了数百项研究。

皮亚杰认为，守恒能力背后的推理是大多数儿童在积极经验的同化和适应中自发地发展出来的。这种活动是自我调节的。儿童往往会在大约相同的年龄发展守恒能力，并以相同的顺序发展各种守恒运算。在大多数文化语境中，没有受过正规学校教育的儿童和受过学校教育的儿童一样容易获得守恒认知。② 向前运算阶段的儿童直接传授守恒技能通常是不成功的。③

根据皮亚杰的理论，对这些发现的解释是，只有在认知结构(图式)的发展使真正的守恒反应所需的推理成为可能时，守恒能力才会出现。图式的变化只有在经历了相当多的同化和顺应之后才会出现。儿童必须达到可逆性，学会对感知去中心化，并能够跟随转变。他或她必须变得不那么以自我为中心，并学会质疑自己的思维。这些变化都是逐渐发生的，是让守恒的图式发展的先决条件。

皮亚杰著作的许多读者都认为感觉运动型和前运算型儿童有严重的局限性，甚至

①在有能力和受过训练的人的指导下，可以用守恒问题等问题从皮亚杰的角度来评估儿童的智力发展。它们还可以用来确定儿童在某一特定概念方面的发展水平。许多专业人士认为，皮亚杰的方法可以替代或补充传统的智力测试，因为皮亚杰的方法可以清楚地测量推理、逻辑思维和结构知识。做出有效评估的能力需要时间和培训。有兴趣了解如何进行这种评估的人，可以查阅详细论述皮亚杰评估的作品(Wadsworth 1978, Piaget 1963a, Copeland 1974)。

②这不应该被解释为儿童的学习与他们是否上学无关，只意味着认知结构(图式)在大多数情况下的演变与儿童是否上学无关。第八章更详细地论述了这一点。

③尽管前面的讨论意味着所有的儿童都可以被分为不理解守恒者(数量、面积等)或理解守恒者，但实际上还有第三类需要注意，叫作边界守恒者(Wadsworth 1978)。边界守恒者是指那些反应和推理混杂，或反应易变的儿童，不是一贯的守恒或非守恒的反应和推理。边界儿童在发展上比非守恒者更接近成为守恒者。通常他们可以被“激发”，体验到不平衡，并向守恒者水平发展。非守恒者则激发不了。

是无能的。界定他们的部分原因是他们不能做什么！这当然不是皮亚杰的意图。皮亚杰认为儿童的智力发展是沿着一个连续统一体前进的。在发展的任何一个阶段，一个人的能力都可以通过他们构建的推理所能让他们做的事情和尚未完成的事情来描述。

皮亚杰在推断能力时一般采用保守的或严格的标准。其他研究者使用不那么严格的标准，并声称在皮亚杰主义者使用他们的标准时没有发现能力。因此，这里存在着合理和持续的争论。此外，皮亚杰和那些在皮亚杰工作基础上进行研究的人经常关注幼儿**不具备**的能力；例如，大多数的5岁儿童不具有认知数字或质量或液体体积守恒的能力。

这通常被解释为意味着某些认知能力的缺失，这只在某种意义上是正确的。经常被忽视的是，当儿童不具备严格的皮亚杰标准的数的守恒认识能力时，并不意味着他们根本没有数的概念。盖曼（Geiman, 1978）表明，有些儿童在被皮亚杰的标准衡量时，没有表现出对数的守恒的理解，但在使用另一个（不那么严格的）标准衡量他们时，却表现出对数的守恒的理解。

很明显，儿童在所有领域的知识建构都是渐进的，而不是全有或全无的事情。图式是从不太准确发展到更准确。回顾一下皮亚杰将发展视为一个连续体，并写过关于概念建构的渐进性的文章是很有帮助的。在连续发展的每一个点上，儿童的思维都有一个逻辑，这与当时儿童认知状态的背景下是一致的。

情感发展：互惠性和道德情感的出现

感情的互惠性

首次出现完全社会性的感情是在前运算发展期间。当然，更年幼的儿童会表现出感情，并有喜欢和不喜欢的感觉。表达，特别是口语，在社会情感的发展中起着重要作用。表达为创造经验的图像，包括情感经验留出了空间。因此，感情第一次可以被表述和回忆（记忆）。[①] 这样，感情经历的影响就会比经历本身更持久。

> 表达和语言使感情获得了它们以前所没有的稳定性和持续时间。情感通过被表述，就要比激发它们的对象持续得更久。这种保留情感的能力使人际关系和道德情感成为可能。（Piaget 1981 b, p.44）

在感觉运动水平期间，过去的事件和经验不能被重建或记住，因为它们没有被儿童内在地表达出来。在前运算发展阶段，随着对认知和过去情感的重建能力，行为具有了与之一致的元素，这在表达之前是不可能的。随着重建的过去成为当前行为的一个要素，情感就不像以前那样与直接经验和感知联系在一起。行为可以变得更加稳定和可预测。随着前运算阶段的发展，感觉有可能变得更持久和更一致。因此，感觉运动期或早期前运算期的儿童可能在某一天喜欢一个物体或人，但第二天就不喜欢了，而前运算期的儿童在回忆过去并考虑到现在时，通常会越来越有能力在表达喜欢和不喜欢时表现得更稳定一致。

皮亚杰认为，社会交流的基础是幼儿与他人之间在态度和价值观上的**互惠性**。

> 这些考虑使我们看到，喜欢别人与其说是每个伙伴从对方那里得到的丰厚回报，不如说是一种态度和价值观的互惠。（Piaget 1981b, pp.45 – 46）

这种交流的形式，即互惠将导致，或者说可以导致每一方重视另一方（相互尊重）。每一方都以某种方式得到对方的赞赏。在随后的互动中，通过互惠行动获得的价值并没有丢失，而是被表达和记住了。因为这些先前的价值作为表达被保留下来，未来的交流更有可能预见积极（或消极）的情感体验。

---

①根据皮亚杰的观点，我们能够回忆或记住的东西并不是被记住的对象或行动的精确复制品。所记住的东西是来自我们所拥有的对象或事件的表达（图像）。表达不是物体和事件的镜像。图像是由个人在创造时的认知和感知能力形成的模仿。被记住的东西是从现有的图像中重构出来的。因此，当我们谈论所记住的感情时，我们谈论的是对感情图像的重建，而不是感情本身。

最初的道德情感

皮亚杰研究了儿童道德推理的发展。他认为道德推理的发展是认知和情感发展的产物。对皮亚杰来说，道德情感是"与必要的事情有关的情感，而不仅仅是与想要的或喜欢的事情有关的情感"(Piaget 1981b, p 55)。自愿的责任感或义务感是成熟的道德情感的典型。

皮亚杰认为，道德规范有三个特点：

> 1. 一个道德规范可以推广到所有类似的情况，而不仅仅是相同的情况；
> 2. 一个道德规范可以超越产生它的情况和条件；
> 3. 一个道德规范与自主感有关。① (1981b, p. 55)

皮亚杰继续指出，道德规范或道德推理的特征直到具体运算阶段才会完全到位。

> 从2岁到7岁，这些条件都不符合。首先，规范不是泛化的，而是只在特定条件下有效。例如，孩子认为对父母和其他成年人撒谎是不对的，但对他的伙伴们却并不如此。然而，在8岁以后，孩子们明白在任何情况下撒谎都是错误的，他们还令人信服地争辩说，对自己的同伴们撒谎是更严重的。第二，指令仍然与某些类似感知结构的表征情境相联系。例如，一个指令会与发出指令的人相关，也就是说如果被骗的人不知道自己被骗了，儿童会判断谎言"不那么坏"……最后，在前运算期没有自主性。"好"和"坏"全由符不符合自己所接受的指令所决定。(1981b, pp. 55-66)

在前运算发展阶段，道德推理被认为是前规范的。② 但这个阶段的道德推理明显比感觉运动型儿童的能力有进步。儿童对规则、事故、撒谎和正义的概念在下面几页中作了简要介绍。

①自主性是选择自己的行动路线，而不是遵循规定的路线。自主性是自我调节。下一章将更全面地讨论它。

②规范性的感觉是"与必要的事情有关的感觉，而不仅仅是与想要的或喜欢的事情有关"(Piaget 1981b, p. 55)。规范性与一个人构建的义务感有关，与盲目服从权威形成对比。前规范性的推理是基于对权威的服从，是出于恐惧而不是相互尊重。

儿童的规则概念

为了研究儿童对规则的理解，皮亚杰(1965)向孩子们问了关于儿童游戏规则的问题。如前所述，这个游戏是弹珠，需要两个或更多的玩家。皮亚杰认为弹珠是一个合适研究的活动，因为它是一个有规则结构的社交游戏。各地的规则不尽相同，但总是有规则的。弹珠是日内瓦儿童中流行的游戏。

皮亚杰采访了20名4到13岁的男孩和女孩，了解他们对规则的理解。皮亚杰向孩子们提出的问题旨在确定游戏规则是否由外部决定，是否公正，是否可以改变。因此，一般就是问："弹珠的规则是什么?""告诉我怎么玩""你能发明一个新的规则吗?"和"这是一个公平的规则吗?"在这些访谈中，实验者既是参与者又是观察者。实验者实际上与儿童一起玩游戏，以便学习他们的游戏方式(Gruber and Voneche 1977)。

> 实验者或多或少地说了以下的话："这里有一些弹珠……你必须告诉我如何玩。我小的时候经常玩，但现在我已经完全忘记了怎么玩。我想再玩一次。我们一起玩吧。你教我规则，我和你一起玩"……你必须避免提出任何形式的建议。你所需要做的就是显得完全无知[关于弹珠游戏]，甚至故意犯错，以便孩子每次都能清楚地指出规则是什么。当然，在整个游戏过程中，你必须非常认真地对待整个事情。然后你问谁赢了，为什么，如果一切都不太清楚，你就开始新的一轮游戏。(Piaget 1965, p. 24)

除了关于规则的问题外，和以前的访谈一样，皮亚杰要求儿童给出他们答案背后的推理。正如我们所看到的，通常是儿童的推理而不是他们的答案本身提供了关于他们知识和概念的信息。

皮亚杰发现，在儿童对弹珠规则的知识发展中，有四个普遍的层次。这些层次与皮亚杰的四个认知发展水平相类似。

1. 运动。在皮亚杰的第一层的规则理解者中，儿童不知道任何规则。在出生后的最初几年，并经常延伸前运算发展阶段，弹珠是按照习惯和孩子想要的任何方式来玩的。在这个时候，儿童自己玩弹珠。这种活动是非社会性的。弹珠主要是被探索的对象(物理知识)。儿童的乐趣似乎主要来自对弹珠的运动或肌肉操控。没有证据表明他们对社会意义上的游戏有任何认识。

2. 以自我为中心。通常在2岁到5岁之间，儿童开始意识到规则的存在，并开始希望与其他通常是较大的儿童一起玩游戏。幼儿开始模仿年长儿童的游戏，但认知上以自我为中心的儿童继续以自己或自己为中心进行游戏，不试图取胜。同样地，儿童在前运算早期使用口语的特点是非社会性的集体性独白（以自我为中心）；他们在群体中游戏的特点是缺乏任何社交互动或真正的合作。皮亚杰的观察有助于说明这一点。

> 洛夫（5岁）经常假装和麦［另一个男孩］一起玩……他立即开始向聚成一堆的弹珠"开火"，玩时既不停下来也不注意我们。"你赢了吗？——**我不知道，我想我赢了**。——为什么？——**我赢了，因为我扔了弹珠**。——我呢？——**你赢了，因为你扔了弹珠**。"（1965，p. 38）

在这一层次的规则推理中，儿童相信每个人都能赢。规则被看作是固定的，对规则的尊重是单方面的。

从社会角度看，看似非社会的行为、自我中心主义和孤立的游戏，实际上比上一阶段的行为有进步。孩子想和其他孩子一起玩。不过，以自我为中心的儿童通常没有从社会角度对游戏欣赏或了解。这类儿童会模仿他们所看到的东西，但还不像大一点的玩伴那样能理解。因此，他们的游戏并不涉及合作。推理的自主性不存在。但由于尝试了适应，他们的行为代表了比早期水平的行为的进步。

3. 合作。通常要到7或8岁时，儿童才开始在玩游戏时有社交合作。在这个时候，通常对游戏规则有了更清晰的认识。儿童游戏的目的变成了取胜。

4. 规则的编纂。11或12岁左右，大多数儿童开始理解规则是或可以由团体制定的；团体可以改变规则；而规则对公平竞争是必要的。第五章和第六章将详细论述对规则的进一步理解。

意外和笨拙的概念

学龄前儿童和小学低年级儿童的家长和老师都知道，孩子们往往很难将其他孩子的意外视为意外。例如，一个孩子可能不小心撞到另一个孩子。被撞的孩子通常认为这种行为是故意的，应当给予适当的报复。无数次课堂上的肢体和言语冲突都是由这种意外或笨拙引起的。幼儿往往无法理解其他孩子的意图，也无法看到另一个孩子的观点（自我中心主义），而家长和教师在试图向幼儿解释他人出于意外和笨拙不应得到惩罚时，会感到很沮丧。问题是，幼儿通常还没有**构建起意向性的概念**。他们坚信“以眼还眼，以牙还牙”的道德信条，相信它在所有情况下都适用。皮亚杰的工作表明，在儿童建立起意向性的概念之前，仅靠推理是无法让他们相信报复性行为是不公正的。他们根本没有能力理解意向性。

皮亚杰采访了儿童，以发现他们对笨拙和意外的概念和信念。他使用了成对的故事，将儿童的意图与他们的意外的定量结果进行对比。孩子们被要求比较两个故事中的意外，以决定哪个更糟糕，然后解释他们的选择。下面是两个故事：

> A. 一个叫约翰的小男孩正在他的房间里。有人叫他去吃饭。他进了饭厅。但门后有一把椅子，椅子上有一个托盘，上面有十五个杯子。约翰不可能知道门后有这些东西。他走了进去，门敲打着托盘，“砰”的一声，十五个杯子都被打碎了。
>
> B. 从前有一个小男孩，他的名字叫亨利。有一天，他的母亲不在，他想从柜子里拿一些果酱。他爬到椅子上，伸出他的手臂。但果酱太高了，他够不着，也吃不到。但当他试图去够的时候，他撞倒了一个杯子。杯子掉了下来，碎了。（1965，p. 122）

皮亚杰发现，在7岁或8岁以下的儿童中，第一个故事中的男孩约翰通常被视为犯下更严重的行为。约翰的行为通常被视为比亨利的更糟糕，因为约翰打破了十五个杯子，而亨利只打破了一个杯子。孩子们的判断是基于行为的具体或量化的结果。约翰打碎了更多的杯子，就是这样的！在判断行为时，还没有体会到意图。动机没有被考虑。

在8岁或9岁（具体运算层面），随着与意向性相关的概念的构建，儿童通常开始能够从别人的角度考虑事件。这与以自我为中心的思想的减少是同步的。儿童开始看到，动机和意图与行动的结果一样重要。下文是皮亚杰记录的一个9岁儿童对上述故事的反应和推理。

> 科姆（9岁）：“**好吧，那个在来的时候打碎它们的人并不顽皮，因为他不知道有任何杯子。另一个人想拿果酱，把他的手臂放在杯子上**。——哪个人最顽皮？——**想拿果酱的**。——他打碎了多少个杯子？—— **一个**。——另一个男孩呢？——**15个**。你最想惩罚哪一个？——**那个想拿果酱的男孩。他知道，他是故意这样做的**。（1965，p. 129）

对儿童来说，意图越来越比特定行动的后果更重要。只有当儿童能够从他人的角度看待行动时，才会出现这种情况。儿童开始意识到他人的内心状态，他们被视为具有与自己不同的想法。同样地，人们认识到他人的情感状态并不总是与自己的相同。儿童越来越有能力考虑到他人的情感和认知状态。①

儿童与撒谎

皮亚杰调查的另一个有趣的社会和道德话题是儿童对撒谎的概念的发展。家长和老师经常观察到幼儿中存在大量所谓的撒谎现象。可以理解的是，这可能会引起成年人的极大关注。许多家长问自己，他们是否在培养一个"骗子"。皮亚杰对儿童撒谎概念的研究可能有助于我们理解这些行为。在这项研究中，皮亚杰向儿童提出问题，以确定他们对谎言的定义，以及为什么一个人不应该撒谎。

什么是谎言？在6岁或7岁之前，大多数孩子把谎言看作是"坏"的事情。此外，幼儿通常认为非自愿的错误是谎言。

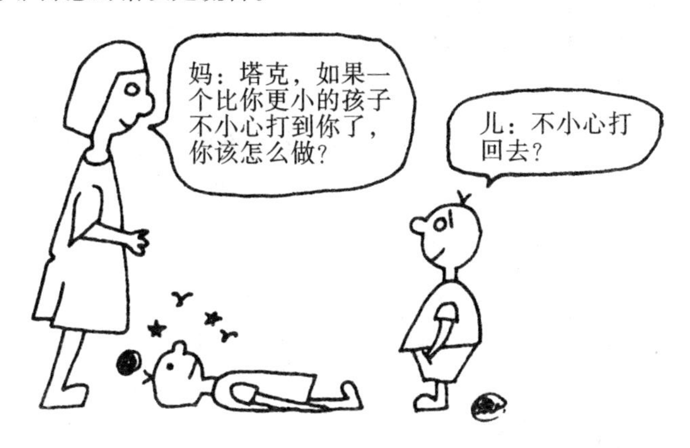

努斯(6岁)："什么是谎言？——**就是你说坏话的时候**。——你知道什么坏话吗？——**知道**。——给我举个例子。——**腐烂的动物尸体**。——这是谎言吗？——**是的**。——为什么？——**因为你不可以说坏的话**。——我说'傻瓜！'的话，这是谎言吗？——**是的**。"……

莱德(6岁)："**谎言是你不能说的话，坏的话**。"……

①儿童早期只通过观察公开的行为，如哭泣和面部表情来认识和意识到他人的情感状态。后来，儿童开始在自己的想法中考虑他人可能的情感，而不需要行为的提示。

韦伯(6岁)："有一次,有一个男孩不知道相思街在哪里(韦伯居住的街道)。有位男士问他在哪里。男孩回答说:'我想它在那边,但我不确定。'而它并不在那里!他是犯了错,还是说了谎?——**这是一个谎言**。——那么,他犯了一个错吗?——**他犯了一个错误,并且这是一个谎言**。"(1965年, pp. 143-144)。

在6岁或7岁以及10岁左右,谎言通常被看作是**不真实**的东西。无论其意图如何,错误陈述都被视为谎言。如果它不是真的,那么它就是一个谎言。

夏普(7岁):"什么是谎言?——**不真实的东西,他们说没有做过的事情**。——猜猜我多大了。——**20岁**。——不,我30岁了。那你说的话是谎言吗?——**我不是故意那么说的**。——我知道。但这到底是不是一个谎言呢?——**是的,跟其他一样,因为我没有说你的真实年龄**。——这是一个谎言吗?——**是的,因为我没有说出真相**。——你应该受到惩罚吗?——**不**。——这是坏还是好呢?——**不那么坏**。——为什么?——**因为我后来说的是实话!**"(1965, p. 144)

就好像年幼的孩子通常把谎言定义为道德上的过错。只有在10岁或11岁以后,儿童才开始认识到与谎言有关的意图。在这个推理水平上,谎言被定义为**有意的虚假**。正如我们在前面的道德概念中所看到的,在大多数儿童中,直到正式运算发展,才会达到对意图的理解。

一个人为什么不应该撒谎。皮亚杰报告说,当7岁左右的儿童被问及为什么不应该撒谎时,通常给出的理由是:"你会受到惩罚。"一个普通的孩子的报告如下:

赞布(6岁):"为什么我们不能说谎话?——**因为上帝会惩罚他们**。——如果上帝不惩罚他们呢?——**那么我们就可以说谎话**。"(1965, p. 168)

惩罚是用来确定谎言是否被允许的标准。根据幼儿的说法,一个人不说谎话是因为说谎会带来惩罚。但如果没有惩罚,说谎话是完全可以接受的。

对于9岁左右的大孩子来说,谎言的概念与惩罚有了分离。在这一发展阶段,孩子们通常认为谎言是错误的,即使它不会受到惩罚。

> 女孩(9岁):"为什么它是不好的[谎言]?——**因为我们会受到惩罚。**——如果你不知道自己撒了谎,那也会很不好吗?——**也是不好的,但是不那么坏。**——为什么这是不好的?——**因为它仍旧是个谎言。**"(1965, p.169)

在这里,规则被孩子看作是强制性的,与惩罚无关。在儿童的推理中显然有合作的因素,尽管规则仍然被看作是权威强加给儿童的,而不是合作的一个组成部分。

皮亚杰观察到,儿童关于说谎的概念一般在10到12岁左右就会逐渐成熟。意图成为用来评价说谎的主要标准。大一点的孩子也认识到,不说谎是社会合作的必要条件。孩子们开始反对撒谎,因为真实性是合作的必要条件。再一次,约束的道德观转变为合作的道德观。

> 在第一阶段,谎言是错误的,因为它是惩罚的对象;如果惩罚被取消,它将被允许。然后,谎言成为本身就是错误的东西,即使惩罚被取消,它仍然是错误的。最后,谎言是错误的,因为它与相互信任和感情相冲突。因此,说谎的意识逐渐内化,而且可以冒险假设,这是在合作的影响下发生的。(1965, p.171)

幼儿的"谎言"往往是自发的,不是有意欺骗。

> [幼儿]说谎的倾向是一种自然的倾向,它是如此自发和普遍,以至于我们可以把它当作儿童自我中心思想的一个重要部分。因此,在儿童中,谎言的问题是自我中心的态度与成人的道德约束间的冲突。(1965, p.139)

以自我为中心的孩子经常根据自己的愿望改变真相。如果说谎**受到成人的惩罚**,幼儿就会认为这是"坏事"。另一方面,那些对撒谎不受惩罚有一定期望的孩子认为撒谎在道德上没有什么问题。

惩罚与公正

在皮亚杰对儿童正义概念发展的研究中,更具体地说是对他们的惩罚概念的研究,出现了两种不同的惩罚。皮亚杰在幼儿身上观察到的惩罚概念,他称之为**赎罪性惩罚**。赎罪性惩罚是指父母或其他成人权威对违反规则的儿童进行的任意惩罚。儿童用来支持使用惩罚性处罚的一般推理是，强烈的惩罚会阻止进一步违反规则。赎罪性惩罚在性质上是**任意的**，因为它与违反的行为没有任何关系。例如，一个男孩在被告知要打扫房间后没有打扫，却被惩罚不允许去看电影。或者一个孩子被父母派去做一件重要的差事，但没有执行要求，而这个孩子受到的惩罚是不允许参加下一次学校的棒球比赛。在这两种情况下，惩罚都与违反的规则**内容**无关。如果第一个男孩被剥夺了他没有打扫的房间里所有东西的使用权，这个惩罚就不是任意的(是关乎内容的)。

皮亚杰将大龄儿童认可的第二种主要惩罚方式称为**对等性**。对等性惩罚假定不需要通过痛苦的惩罚来获得对规则的遵守。必须让违反规则的人意识到，违反规则会破坏社会关系和合作的基本社会契约。这种意识本身就被认为会产生足够的悲痛，以恢复和确保合作。如果物质或社会惩罚是必要的，惩罚就不是任意的。在对待基础上的惩罚总是以某种方式与违反的规则内容相关。例如，被告知要打扫房间后没有打扫的男孩可能会被剥夺他没有打扫的物品(玩具、衣服、书籍等)。没有完成要求的差事的孩子，在孩子提出要求时，他的父母会拒绝给予类似的帮助。这些惩罚是违反规则的"自然后果"，可能有助于向儿童指出其行为的后果。虽然对等性惩罚中可能有强烈的胁迫因素，但重点是说服和预防，而不是任意惩罚或为惩罚而惩罚。对等性惩罚的指导原则是合作和平等，而不是成人的权威和约束。

皮亚杰通过给孩子们讲做了不该做的事情的故事，并询问哪种形式的惩罚最合适或最公正，来研究儿童的正义概念。下面是其中一个故事：

> 一个小男孩正在他的房间里玩耍。他的母亲让他去买一些面包来吃，因为家里没有了。但小男孩没有立即去，而是说他不方便，说他马上就去，等等。一个小时后，他还没有走。最后，晚餐时间到了，桌子上没有面包。父亲很不高兴，他想知道哪种惩罚男孩的方式最公平。他想到了三种惩罚方式。第一种是禁止男孩第二天去参加集市……父亲想到的第二个惩罚是不让男孩有任何面包吃。(前几天还剩下一点面包。)…… 父亲想到的第三个惩罚是对男孩做和他同样做过的事情。父亲会对他说："你不愿意帮助你的母亲。好吧，我不打算惩罚你，但下次你再让我为你做什么，我就不做了，你会看到人们不互相帮助是多么令人讨厌。"(小男孩认为这样就可以了，但几天后，他的父亲不愿意帮助他拿一个他自己拿不到的玩具。父亲提醒他注意他的承诺。)……在这三种惩罚中，哪一种是最公平的？(1965, p. 202)

将这些故事讲给6至12岁的儿童,并要求他们判断哪些惩罚是最公平的,并给出判断的理由。儿童还被要求根据惩罚的严重程度对其进行评级。儿童对故事的反应被归类为对等性或赎罪性的惩罚,并确定不同年龄段的频率。皮亚杰发现,随着年龄的增长和发展,儿童对对等性惩罚的偏好明显增加(见表4.1)。尽管所有年龄段的儿童中都有一些人建议采用赎罪性惩罚,也有一些人建议采用对等性惩罚,但有个明显的趋势是显而易见的。年龄较小的儿童倾向于赎罪性惩罚;年龄较大的儿童倾向于对等性惩罚。

安格(6岁)正确地……重述故事:“应该如何惩罚他?——**把他关在一个房间里**。——这会对他造成什么影响?——**他会哭的**。——这公平吗?——**公平**。”然后他被告知三种可能的惩罚:“哪一个最公平?——**我不会给他玩具**。——为什么?——**他很坏**。——这是不是三个惩罚中最好的?——**是的**。——为什么?——**因为他很喜欢这个玩具**。——这是不是最公平的?——**是的**。”因此,不是对等原则占了上风,而是出于最严厉的惩罚的想法……

齐姆(6岁):齐姆对后两种惩罚不以为然。第三种“**不严厉**。——为什么?——**这是对一个男孩来说**。——为什么对他不严厉?——**这并不严重**。——第二个也‘**不严重**’。”因此,最公平的是第一种,“**因为他不在集市上**”。(1965, p.211)

表4.1　年龄和惩罚偏好

年龄	偏向对等性惩罚孩子所占百分比
6—7	28
8—10	49
11—12	82

在年龄较小的儿童中,最严厉的惩罚通常被认为是最公平的;相对于被惩罚的行为,选择的惩罚是任意的。很明显,年幼的儿童相信有必要进行严厉的惩罚。随着儿童的成长,皮亚杰发现他们对正义的概念逐渐发生了变化。在皮亚杰采访的8至10岁的儿童中,大约有一半的儿童是根据互惠原则作出判断的,而放弃了以惩罚的严重性为标准(赎罪性惩罚)。

鲍姆(9)："**最后的[惩罚]是最好的。既然男孩不愿意帮忙,那么他的母亲也不会帮助他**—另外两种惩罚中哪一种最公平？——**不给他任何面包,那么他在晚餐时就没有东西吃了;这是因为他不愿意帮助他的母亲**——而第一种？——**那是最不应该的一种。他不会介意的。他仍然可以玩他的玩具,而且晚上会有面包吃……**"

努斯(11岁)："**我想给他一巴掌**。——父亲想了三种惩罚。"(我告诉他三种方法。)"你认为哪种惩罚最公平？——**不给他任何帮助**。——你觉得这比扇他巴掌更公平？——**对**。——为什么？——(他犹豫了一下。)……**因为这和他所做的事情差不多**。——那另两个,哪个更公平？——**不给他吃面包**。——为什么？——**因为他没买面包**。(1965, pp. 215-216)

这些访谈表明,皮亚杰访谈过的大龄儿童认为严厉或任意的惩罚都不是最合适的。对这些孩子来说,基于互惠的惩罚比基于赎罪的惩罚更公正。显然,他们强调的是适合罪行的惩罚,并帮助儿童认识到其行为的社会后果。与年龄较小的儿童相比,年龄较大的儿童对哪种惩罚最合适的判断似乎更注重预防,而不太注重报复。

在前运算发展期间,道德概念开始发展。儿童开始意识到,有些事情是必须做的,即使是不想做的事情。在这个阶段,儿童开始意识到规则。最初,他们认为规则是固定的、不可改变的,是由某种权威传下来的。

前运算时期的儿童没有意向性的概念,也没有考虑到他人的意图。因此,其他儿童的意外很少被视为意外。

对前运算时期的儿童来说,正义往往等同于惩罚,成年人说什么是对的,就一定是对的。同样,由于缺乏意向性的概念,儿童判断谎言就是权威所定义的。

总 结

从质量上讲，前运算期儿童的思维比感觉运动期儿童的思维有进步。前期思维不再局限于直接的知觉和运动事件。思维可以在表达层面进行，行为链可以在头脑中呈现，而不仅仅是靠真实的物理事件。即便如此，知觉仍然主导着推理。当感知和思维之间出现冲突时，如在守恒问题上，使用前运算推理的儿童通常根据感知做出判断。

前运算阶段有一些突出的发展。2 至 4 岁时，语言的构建非常迅速。该阶段早期的行为主要是以自我为中心和非社会性的。随着该阶段的发展，这些特征不再占主导地位，到 6 岁或 7 岁时，儿童的对话在很大程度上有交流性和社会性。

虽然前运算思维比感觉运动思维有进步，但它还不是完全的逻辑思维；它是前逻辑思维。在一开始，儿童不能进行反向运算，不能跟随转换，感知倾向于中心化，儿童是以自我为中心的。这些特点使得思维相对缓慢、具体和受限。在这个阶段，思维在很大程度上仍然受眼前和感知的控制，这可以从普通的前运算儿童不能解决守恒问题中看出。随着认知的发展，情感的发展也在进行。

当儿童继续将经验同化并纳入认知图式时，情感和社交模式也在不断地构建和重建。2 岁的孩子在看待世界和使用口头语言方面是以自我为中心的。在与他人（尤其是同龄人）的社会互动的压力下，孩子在 7 岁左右的时候就会建立起对他人观点可能与自己不同的理解。情感体验，如感觉，被表达和纳入记忆，永远改变了孩子们的情感思想的性质。由于前运算阶段的认知推理是半逻辑的，所以前运算儿童对规则、正义和其他道德推理要素的理解也是半逻辑的。

认知发展和情感发展从 2 岁到 7 岁并没有停止。相反，他们稳步前进，同化和顺应的结果是不断构建新的和改进的认知机制（图式）。前运算阶段儿童的行为最初与感觉运动儿童的行为一样。到了 7 岁，就没有什么相似之处了。

第五章　具体运算的发展

无论人们把发展看作是沿着直线连续体还是螺旋连续体进行的(Gallagher and Reid 1981),重要的一点是,阶段之间的进展都是连续的,阶段内的变化也是连续的,不存在突然的变化。①

在具体运算的发展阶段(7—11 岁),儿童的推理过程变得有逻辑性,也就是皮亚杰所谓的**逻辑运算**。② 皮亚杰说,智力(逻辑)运算"是一个内化的行动系统,是完全可逆的"(1981 a, p.59)。在具体运算阶段,儿童演化出逻辑思维过程(运算),可以应用于存在的问题(是具体的)。与处于前运算阶段的儿童不同,处于具体运算阶段的儿童在解决大多数守恒问题和为其答案提供正确推理的方面没有问题。当面临思维和感知之间的差异时,如在问题中,具体运算阶段的儿童会做出基于推理的决定,而不是基于感知作决定。通常在 7—11 岁之间,孩子不再受感知的束缚,能够解决前运算期孩子无法解决的大部分认知问题(如守恒问题)。具体运算阶段的儿童使他或她的知觉变得成熟,并能意识到转换。最重要的是,具体运算时期的儿童达到了心理运算的**可逆性**。

此外,具体运算阶段的儿童比前运算阶段的儿童更加社会化,并更少地以自我为中心(在语言的使用方面)。语言越来越多地被用于交流。儿童第一次成为真正的社会人。③

具体运算思维的质量超过了前运算思维的质量。排序和分类的逻辑运算图式出现了。因果关系、空间、时间和速度的概念也有了提升。从本质上讲,具体运算型儿童的智力活动水平在各方面都超过了前运算阶段儿童的水平。

---

①一些皮亚杰的读者认为,皮亚杰的"阶段"或水平是离散的、独立的,就好像一个孩子前一天晚上睡觉时是在前运算阶段,第二天早上醒来时是具体运算阶段了。事实并非如此。进展是渐进的,普通儿童通常经过数年从前运算推理发展成具体运算推理。

②**运算**是"一个可以被内化或思考的行动,这在精神上是可逆的——即它可以向一个方向或相反方向发生。运算总是意味着守恒以及与运算系统或整体结构的关系。对皮亚杰来说,运算是智力增长的结果,而不是来源"(Gallagher and Reid, 1981, p.234)。

③同样,皮亚杰对什么是社会性使用了严格的标准。

虽然具体运算阶段，逻辑推理方面的功能使用上的发展在年龄稍小的儿童的行为中还未发现证据，但他或她是还没有达到使用逻辑运算的最高水平。在这里，**具体**（如具体运算）这个术语是很重要的。尽管儿童明确发展了逻辑运算，但这些运算（可逆性、分类等）只在解决涉及具体（真实的、可观察的）物体和当前事件的问题时才有用（Piaget 1972a）。在大多数情况下，具体运算阶段的儿童还不能将逻辑应用于假想的、纯语言的或抽象的问题。此外，他们不能正确推理涉及许多变量的具体问题。如果向具体运算阶段儿童提出一个纯粹的语言问题，他们通常无法正确解决。如果同样的问题以真实物体的形式出现，如果不涉及多个变量，他们可以应用逻辑运算并解决问题。因此，具体运算阶段可以被看作是前逻辑（前运算）思维和已达到形式运算的较大儿童所具有的完全逻辑思维能力之间的过渡。

具体运算思维与前运算思维的差异

前运算期儿童的思维特点是感知比推理更重要，以及自我中心主义、集中化、不能跟随转换和不能反向运算。这些逻辑思维的障碍反映在前运算期儿童没有能力解决守恒问题。相比之下，具体运算思维最终会摆脱所有支配前运算思维的特征。① 普通具体运算阶段的儿童能够解决守恒问题。他的思维不那么以自我为中心；他可以将他的感知去中心化；他可以遵循转换；最重要的是，他可以反向运算。当感知和推理之间出现冲突时，具体运算阶段的儿童会在推理的基础上做出判断。这些特征将在下面几页中讨论。

自我中心主义和社会化

前运算型儿童的思维以自我中心主义为主导，无法假设他人的观点，也不需要为

---

①从前运算思维的后期到具体运算早期思维的转变并不突然。前运算推理的特点在整个前运算阶段的后期和具体运算阶段的早期都在逐渐改变。儿童通常在6岁左右就构建并应用与数量守恒问题相关的可逆性概念。而直到大概7岁，儿童才能成功应用可逆性概念解决液体体积守恒的问题。皮亚杰将这种明显的推理发展的“不均衡性”称为“阶段性差异”。

译者T.布朗和K.塞姆比（Thampy）指出，“décalage”在皮亚杰作品的英文版本中，翻译得五花八门或不翻译。由于没有标准的翻译，……“阶段性差异”……似乎可以最充分地表达其含义（Brown 1985，p.8）。

自己的想法寻求验证。具体运算阶段的儿童的思维在这方面不是以自我为中心的。他建构了这样的理解：别人可以得出与他不同的结论，因此，他能够发现自己的想法需要得到验证。由此，具体运算阶段的儿童从上一时期的智力自我中心主义中解放出来。

皮亚杰认为，从自我中心主义中解放出来，主要是通过与同龄人的社交互动来实现的①，因为儿童不得不寻求思想的验证。

> 那么是什么引起了验证的需要呢？当然，一定是我们的思想与他人的思想接触后产生的冲击，从而产生怀疑和证明的欲望……分享别人的思想和成功地交流我们自己的思想的社交需要，是我们对验证的需要的根源所在。证明是争论的结果……因此，争论是验证的主干。（Piaget 1928，p. 204）

具体运算阶段儿童不会表现出前运算阶段儿童所特有的自我中心主义思想。在具体运算过程中，语言的使用在功能上变得有更加充分的交流性。在社会交往中，概念通过与他人的“争论”得到验证或否定。如前所述，行为的社会化是一个持续的过程，在儿童早期开始于简单的模仿。涉及对话和思想争论的社交互动，就其本质而言，是不平衡的一个重要来源。从另一个人的观点来看问题，质疑自己的推理，并从他人那里寻求验证，这些在本质上都是顺应行为。

随着具体运算的发展，语言变得不再以自我为中心。6 或 7 岁前儿童说话的特点是集体性独白，现在基本没有了。儿童在对话中相互交换信息，并学会从他人的角度看待事件。

集中化

前运算阶段儿童的思维特点是集中化。对事件的感知往往集中在刺激物的单一或有限的感知方面，而没有考虑到刺激物的所有突出特征。因此，正如我们在数量守恒问题中所看到的，前运算阶段的儿童倾向聚集在刺激物的长度。具体运算阶段儿童的思维不以集中化为特征。具体思维变得去中心化。去中心化，使用所有突出的感知特征，是在具体思维中发现的能力之一，它允许对具体问题进行更充分的逻辑解决。

---

①皮亚杰认为社交互动是促进认知发展的主要变量之一。他在著作中提到，社交互动是指任何涉及两个或更多人之间的真实交流的行为（对话、玩耍、游戏等）。因此，当语言成为功能性的交流时，它就是一种社交互动的形式。

转 化

前运算阶段的儿童无法关注和协调转换中的连续步骤。变换中的每一步都被认为是独立于每一个连续的步骤。他们没有意识到或注意到其中所涉及的顺序或转换。

具体运算阶段的儿童对转换的理解是功能性的。他或她能够解决涉及具体转换的问题,并能意识到和理解连续步骤之间的关系。转化推理在关于情感的推理中也变得很明显。例如,具体运算阶段的儿童发展了理解他人感觉状态变化或转变的能力,例如,从快乐到悲伤。

可逆性

前运算思维缺乏可逆性。具体运算性思维是可逆的。这两个层次的思维之间的区别可以从下面的**反转**图中看出(Piaget, 1967)。一个孩子看到三个大小相同但颜色不同的球,标记为A、B、C(见图5.1)。这些球按C、B、A的顺序放在一个不透明的圆筒里。前运算阶段的儿童正确地预测到这些球将按同样的顺序从圆筒底部出来。再一次,球以同样的顺序被放进圆柱体。然后圆柱体被旋转了180度。一个缺乏可逆性概念的前运算阶段儿童继续预测,球将以同样的顺序从筒底出来。当球以A、B、C的顺序离开时,他或她会感到惊讶。这是一个例子,说明前运算思维无法在心理上进行反向运算,也无法使用称为**反转**的可逆性。一个已经构建了可逆性概念的具体运算阶段的孩子在处理上述问题时没有任何问题。① 他或她可以反转变化并进行适当的推理。反转是可逆性的两种主要形式之一。

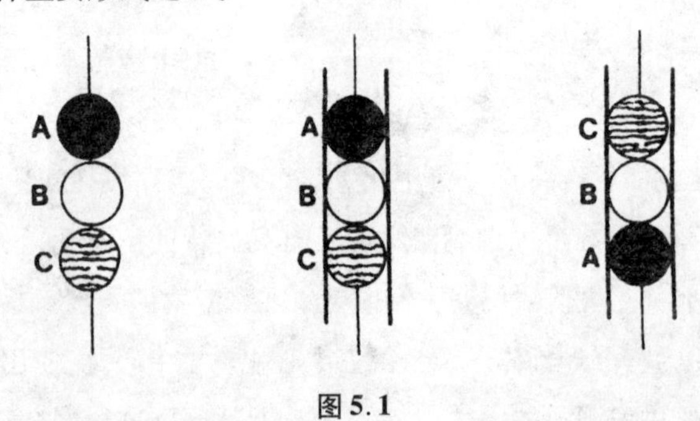

图5.1

具体运算阶段的孩子运用可逆性的第二种形式是**互换性**。在回答液体体积守恒

①球的旋转问题展示了简单的可逆性。赫德(Heard)和沃兹沃斯(1977)发现这种形式的可逆性平均在6岁后期达到。

问题时（见第四章），一些具体运算阶段的儿童认为，当液体被倒入一个较高但较细的容器时，液体的总量不会改变，因为增加的高度被容器的狭窄程度所补偿（宽度补偿高度）。这就是互换推理，或者说是补偿推理，是在具体运算推理中发现的第二种形式的可逆性。①

守　恒

前运算阶段思维的一个特点是儿童没有能力理解守恒问题。随着具体运算的实现，出现了对守恒问题进行逻辑推理和解决的能力。与此相关的去中心化、遵循变换、通过转换和互换进行反向运算的能力，都有助于发展守恒技能和推进推理。孩子在6或7岁时就能解决数字守恒问题。面积和质量守恒问题通常在7或8岁时就能解决了。直到11或12岁，体积守恒问题（测量物体被浸没时排出的水）才会被正确解决。

逻辑运算

在智力上，具体运算阶段最重要的发展是实现（构建）逻辑运算。逻辑运算是内化的思维认知行动，使儿童能够得出“符合逻辑”的结论。这些行动是由认知活动指导的，而不是像前运算思维那样被感觉所支配。正如所有的认知结构一样，逻辑运算是通过同化和顺应能由先前的结构构建而成的。逻辑运算是组织经验（图式）的手段，在质量上优于先前的组织。

根据皮亚杰的观点，运算一直有四个特点：它是一个可以内化或通过思想和物理进行的行动；它是可逆的；它总是假定有一些守恒性和一些不变性；它从不单独存在，而总是与整个运算系统相关（Piaget, 1970a）。在具体运算阶段，运算变得真正合乎逻辑。以前的运算（在前运算阶段）是前逻辑的，从来没有达到上述所有标准。已经讨论过的一种逻辑性运算是可逆性。另外两种在具体运算至关重要的结构是排序和分类（Piaget, 1977b）。排序和分类是儿童理解数字概念的基础（Wadsworth 1978；Gallagher and Peid 1981）。

①对于液体守恒问题的反转论证是，如果将液体从高而细的容器中倒回原来的容器中，就会有相同量的液体。

排序:根据差异对物体进行排序

排序是指在心理上按照尺寸、重量或体积等维度准确排列一组元素的能力。对**长度**进行排序的能力在前运算和具体运算的发展过程中不断发展。皮亚杰最初用来评估长度排序知识的任务是很简单的。一个孩子看到一组大约十根棍子,它们的长度差异很小,但可以感觉到(1/4 英寸)。孩子被要求将这些棍子从最小到最大排序。考官可以在要求孩子排序之前,展示一个正确排列的结构。皮亚杰的研究发现,长度排序的知识发展有五个层次。

在第一层次,即 4 岁或更早,儿童通常将一些棍子放在一个结构中,但看不出有什么顺序(见图 5.2)。在第二层次,儿童把小棍子和大棍子组成对子,但对子之间没有关系。任何一根棍子都可以与其他任何一根棍子相联系,但对照两根棍子就没有一致的关系。4 岁和 5 岁的孩子最终开始组成三根棍子的小组,但各组棍子之间没有任何顺序。

在下一个层次,即过渡性层次(介于第二层次和第三层次之间),取得了进展,并出现了几个部分的协调。5 至 7 岁的儿童常常把棍子的顶部对齐(如图 5.2),而不注意棍子底部的对齐。有些儿童成功地将四或五根棍子排列成一组,但通常不会超过四或五根。

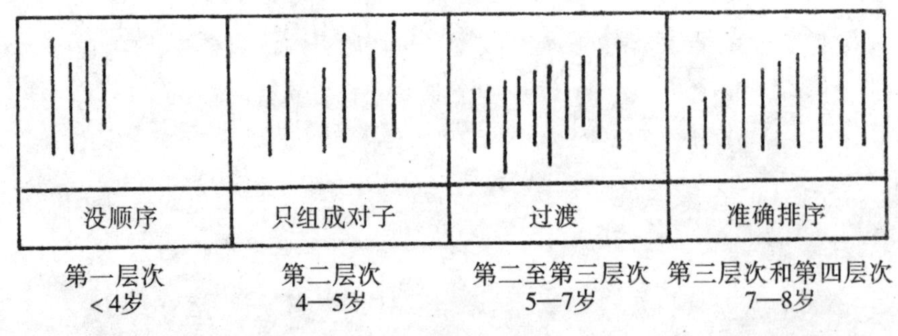

图 5.2

在第三层次和第四层次,7 至 8 岁的儿童成功地将一套十根棍子(如图中所示)排序,但这两个层次的方法有质的区别。第三层次的儿童通常使用试错法。

> 整个系列最终被排序,但采用的是经验性的分组方法,也就是说,有局部的错误和事后的纠正。另一方面,受试者还没有掌握传递性思考问题。(Piaget, 1977a, p. 131)

在第三层次，儿童无法在头脑中按顺序排列三根或更多的棍子，显示出缺乏**传递性**。① 如果不清楚儿童是否能在头脑中对系列进行排序，可以要求他或她在遮布后面依次放置小棒。这就要求在心理上对系列进行排序，以便成功构建。

在第四层次，儿童对排序任务没有困难。十根棍子的顺序是准确的，不需要试验和错误。儿童使用的策略是寻找最小的棍子，然后是下一个最小的，以此类推。

> 这种策略意味着运算结构中固有的传递性和可逆性：任何一根棍子都比前面的所有棍子长，也比系列中所有后面的棍子短。(Gallagher and Reid 1981, p. 97)

这个层次的儿童在遮布后面进行构建时也没有困难。他们相信自己的结构是正确的，即使他们看不到。

儿童关于排序的知识是经过几年的时间构建的。每一次进步都是儿童推理中的一个新的平衡点。对长度的排序一般在 7 岁或 8 岁能做到。②

分类：根据相似性在心理上将物体分组

在皮亚杰的传统分类研究中，向儿童展示一组物体（如大小、颜色不一的几何图形），并要求他们将相同的物体放在一起(Piaget and Inhelder 1969; Piaget 1972b)。这

---

①理解传递性，就是理解如果 A 小于 B 且 B 小于 C，那么 A 就一定小于 C。一个孩子拿着两根棍子。一根棍子(A)比另一根棍子(B)略短。孩子被要求比较这两根棍子并确定哪根棍子更长。然后给孩子看棍子 B 和第三根棍子(C)，后者稍长。在新的比较过程中，棍子 A 被隐藏起来，不让孩子看到。孩子被要求比较棍子 B 和 C。这两个比较几乎总是准确的。在棍子 A 仍被隐藏的情况下，孩子被要求比较棍子 A 和 C。要解决这个问题，孩子必须能够在头脑中对三根棍子 A、B 和 C 进行排序。

②不同种类的排序学习，就像不同种类的守恒学习一样，在不同的年龄段以不变的顺序发生。长度的排序通常在 7 岁或 8 岁时掌握。重量的排序（相同大小但不同重量的物体）通常在 9 岁左右掌握。体积的排序要到 12 岁左右才会掌握(Piaget, 1967)。

所述的排序任务已被用于研究儿童的记忆，并取得了有趣的结果(Piaget and Inhelder 1969)。十根棍子排序的任务被提出来，并记录结构。一段时间后（一周或更长时间），再次要求这些儿童按照上一次的要求对棍子进行排序。再一次，他们的表现被记录下来。皮亚杰和英海尔德发现，许多儿童的表现在两个场合之间有所改善，他们的发展水平也有所提高。他们把这些结果解释为："记忆使与儿童水平相对应的图式占主导地位：图像记忆与这个图式有关，而不是与感觉模型有关"(Piaget and Inhelder 1969, p. 82)。结论是，儿童记忆他们所理解的东西，而不是严格意义上他们所看到的东西，如果理解能力提高，记忆（他们所理解的东西）将随着时间的推移而提高。

些研究中出现了三个发展水平层次。

第一层次。4 岁或 5 岁的儿童通常会根据相似性来选择要放在一起的物体。但他们使用的标准是每一次两个物体之间有一个相似之处。因此，孩子可能会把一个黑圆和一个白圆（都是圆）放在一起，然后根据白圆再放上一个白色的三角形（都是白色的），然后可能把一个灰色的三角形和白色的三角形放在一起（都是三角形），并坚持认为它们都要放在一起（图 5.3）。

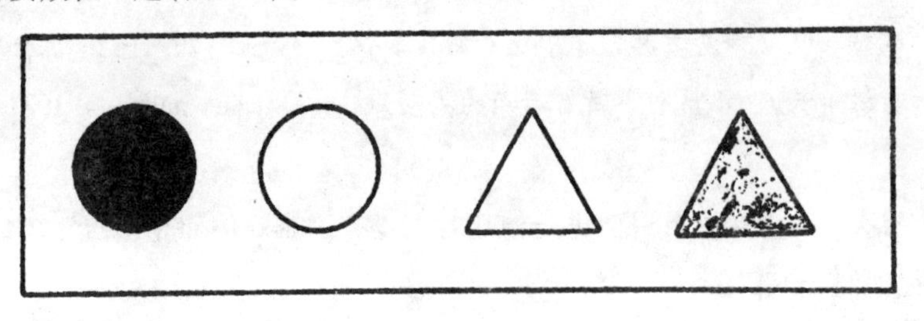

图 5.3

第二层次。到 7 岁时，儿童通常会按照一个方面形成同类物体的集合。也就是说，当儿童按形状分类时，圆形被放在一起，三角形被放在一起，以此类推。如果儿童是按颜色分类，他们会把黑色的圆和黑色的三角形放在一起。在这一层次的推理中，缺少的是对集合之间或子集合**之间关系**的认识。这个层次的儿童不理解类和子类之间的逻辑关系——或**类包含**。

在典型的类包含任务中，一个孩子被展示了 20 个棕色木珠和 2 个白色木珠（图 5.4）。在孩子同意这些珠子都是木质的，20 个是棕色的，2 个是白色的之后，就会提出以下问题："是木质珠子更多还是棕色珠子更多？"（Piaget, 1952a）。

第二层次的儿童通常会回答棕色珠子比木质珠子多，因为他们会比较棕色和白色的类别，无法将棕色珠子的子类与木质珠子的大类相比较。这些儿童不理解类包含。

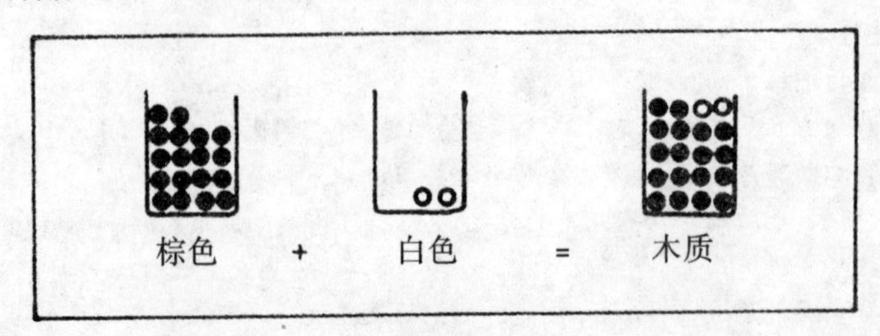

图 5.4

第三层次。在 8 岁左右，儿童通常会表现出对类包含原则的理解。他们对类包含问题的推理表明，他们明白棕色珠子的类一定比木质珠子的类小。他们在分类时考虑

到**差异**(非棕色珠子)和相似性,并能推理出类和子类之间的**关系**。

儿童的数字概念是由排序和包含的逻辑运算综合而成的(Piaget and Inhelder, 1969)。数字概念涉及顺序(排序)和群体成员(包含)。数字概念"8"是一个系列中的一个位置,它是包括1、2、3、4、5、6、7和8在内的一组的一部分。①

现在读者应该很清楚,皮亚杰对认知发展的概念,认为它不是孤立的,而是在所有领域同时发生的。一个领域的认知进步会影响其他领域。有鉴于此,要探讨一下具体运算期儿童的因果关系、时间和速度等概念。

因果关系

儿童的因果关系概念的发展方式与其他概念的发展方式相同。第三章说明了在感觉运动期因果关系概念的发展。皮亚杰和英海尔德(1969)在以下问题情境中调查了儿童的因果关系概念。

> 我们曾经问过5—12岁的儿童,糖块溶于一杯水后会发生什么。对7岁以下的儿童来说,溶解的糖消失了,它的味道也消失了,就像一种单纯的气味;对7至8岁的儿童来说,它的物质被保留下来,但它的重量和体积都没有了。9岁或10岁以后,就出现了重量守恒的理解;11岁或12岁以后,也出现了理解体积守恒(可从加入糖时略微升高的水位,在糖溶解后没有恢复到初始水平这一事实中看出)。(p. 112)

如上文所述,儿童的因果概念在具体运算阶段得到发展。结构(图式)的质变体现在发展中。

时间和速度

皮亚杰和英海尔德认为,儿童通常在10岁或11岁之前不理解时间和速率(速度=速率/时间)之间的关系(1969)。儿童在这个年龄之前,一般认为只有当一个物体在移动中超过另一个物体时,才是走得快。当比较两个物体的速度时,前运算阶段的儿童通常只考虑到达点,而不考虑出发点和随后的速度或所走的路径。请考虑以下情

①更多关于数的概念,见Wadsworth 1978;Kamii 1982; Copeland 1974。

况。两辆汽车同时离开图 5.5 中的 A 点。它们都在同一时间到达 B 点,但它们穿越的路线不同(1 和 2)。看完这个问题后,观察汽车的运动,前运算阶段的孩子回答说,两辆汽车以同样的速度行驶。直到 8 岁左右,才开始在时间和行驶距离的关系方面形成速度的比率概念。

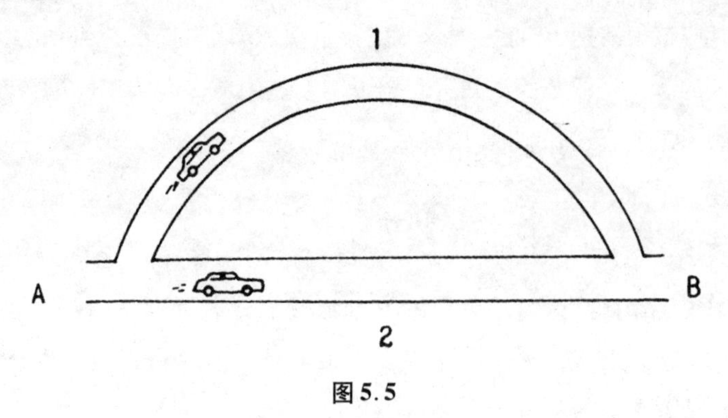

图 5.5

具体运算阶段的儿童对时间和速度的概念优于前运算阶段的儿童。直到具体运算阶段才会出现准确的概念。

情感发展:合作

认知发展、情感发展和社会发展是不可分割的。因此,当社会、认知和情感发展被独立地概念化时,它们之间有明显的相似之处并不离奇。

皮亚杰(1963b)认为,儿童之间的社交关系显然对智力和情感发展很重要。由于儿童的关系是平等的,这使合作真的有可能产生。虽然部分社会化的行为从口语开始就很明显,但皮亚杰断言,在 7 岁或 8 岁(认知运算的出现),随着前运算阶段的自我中心主义消减,通常在合作方面有明显的进展。这可以从儿童对游戏规则的理解中看出。尤尼斯(Youniss)和戴蒙(Damon)(1992)写道:

> 皮亚杰将儿童与同伴的关系描述为合作的理想环境。他的理由是,通常而言,同伴必须合作才能相处,因为他们的关系是建立在对等互惠的基础上的。(273)

儿童有潜力以平等的身份进行社交互动,但通常他们与成人的互动就好像他们(儿童)是下级一样(单方面尊重)。儿童之间的冲突只有通过真正的合作才能克服。

尤尼斯和戴蒙继续说:

> 皮亚杰……强调,在发现和实践调解同伴合作的程序过程中,儿童形成了一种共同的社会团结意识。那里……是对需要他人合作的过程的依赖。……是建立在相互理解的基础上的,这种理解来自儿童的思想交流。(273)

因此,皮亚杰认为前运算期的儿童同时发展着两种人际道德推理。一般来说,与成人的互动是基于单方面的尊重,而与同龄人的互动,即解决同龄人的问题,则越来越基于相互尊重(合作)。因此,儿童与同伴和与成人的不同互动方式对发展有不同的结果。

在具体运算中,推理和思维获得了比前运算思维中更大的稳定性。推理的能力变得越来越有逻辑性,并较少受到明显的感觉矛盾的影响。思维的可逆性和去中心化有助于为具体运算阶段儿童的推理带来一致性和稳定性。

这些因素不仅影响认知性推理,也影响情感推理。在具体运算过程中,情感获得了某种程度的稳定性和一致性,这在以前是不存在的。

在具体运算的发展过程中,内化的可逆运算(即可逆性)出现在儿童的情感推理中。情感生活中可逆性的起源见于前运算思维。在那个时候,感情还没有完全"留存"下来,感情是前规范性的;但是由于日常的感情可以被表达和记忆,感情不再与以前的感情无关。①

在7—8岁,出现了**感情**和价值观的**留存**。儿童开始能够协调他们从一个事件到另一个事件的情感想法。随着时间的推移,被保留或保存下来的是过去感受的各个方面。情感思维现在是可逆的。通过逆转和保存(记忆)的能力,过去可以成为现在推理的一部分。此外,保存或记忆的感觉在情感思维和评价中"逻辑"的出现中起了作用。基于感情的推理是**有逻辑的**,这种推理是**合理的**。

皮亚杰提出,前运算阶段的社交互动鼓励发展感情的留存。

> 社会生活要求思想获得某种持久性。要做到这一点,心理活动就不能再以个人符号,如游戏性幻想[象征性游戏]来表示,而必须以普遍符号,如语言符号[语言]来表达。因此,社会生活所强制要求的表达方式的统一性和一致性在智力结构

---

①前规范性行为是指不受个人构建的规范或价值所规范的行为。

的发展及其守恒性和不变性中起着很大的作用;它将导致在感情领域的类似转变。实际上,自发情感中明显缺乏的持久性将出现在社会情感,特别是道德情感中……

喜欢另一个人是一种感觉,只要它是自发的并与特定的情况相联系,就会有变化。如果加上**半义务**的感觉,它就会变得持久和可靠。(Piaget 1981b, p. 60)

我们在上一章中指出,前运算阶段的情感是前规范性的。也就是说,前运算阶段的儿童通常还没有发展出一种义务感(什么是必要的),而不是服从感。尽管在前运算阶段的发展过程中,行为似乎偶尔会反映出一种义务感,但这并不是主要的模式。情感并不完全符合规范性的三个标准中的任何一个:可普遍化、超越当下、与自主性相关。在具体运算阶段,随着儿童的情感推理能力变得可运算,这些标准通常会得到满足。就像可逆性的建构导致思维逻辑一样,可逆性也导致了情感逻辑。① 内化的可逆性操作出现在情感领域。

为了更好地理解皮亚杰在具体运算阶段对情感发展的理念,必须了解他对**意志**和**自主性**的概念。

意　志

在有些情况下,人们会在自己想做的事(欲望)和"应该"做的事或感到有道德义务去做的事之间做出选择。例如,你有两个小时的空闲时间,你可以去看你很想看的电影(欲望),或者去养老院看望你生病的叔叔(义务)。一个人选择了去看望病弱的叔叔,而放弃了看电影这一可预期到的乐趣。这样的选择是社会的和人际的,并意味着一种义务和价值观。这种推理和行为的能力是在皮亚杰的具体运算期出现的。皮亚杰把这种形式的决策能力归因于他所说的意志的出现,即"保存价值的机制"(p. 61)。

皮亚杰(1981)说:

①情感的逻辑性听起来可能是一个矛盾的说法。皮亚杰认为,感情是可变的,因此,由感情激活的行为也可能是可变的。当感情开始被保存,也就是说,从一种情况持续到另一种情况时,就会出现可变感情背后的永久性(Piaget 1981b)。只有当人们断言,如果感情是合乎逻辑的,那么感情就不能变化时,才会存在矛盾:"有些人会说,道德感情无论多么规范,都不如运算规则那样普遍、稳定和具有强制性。在我们看来,这种反对意见是没有根据的。事实上,如果在逻辑规范和道德规范之间发现了一些差异,那也只是程度上的差异,而不是性质上的差异。总的来说,我们认为这种差异比一般人想象的要弱一些。普通思维与运算规则的差别至少与日常行为与道德规范的差别一样大"(p. 61)。

> 为了谈论**意志**,必须存在两种冲动或倾向之间的冲突。其次,在意志行为的过程中,最初较弱的冲动必须成为两个冲动中较强的一个。(p. 61)

因此,是最初较强的冲动,即看电影的愿望,最后被去养老院看望叔叔的较弱冲动所取代了。对皮亚杰来说,**意志**是认知运算的情感类似物——情感的逻辑的一部分。"意志的行为对应于……价值的保存;它包括将一个特定的情况置于一个永久的价值尺度之下"(p. 65)。

因此,皮亚杰认为意志是个人构建的一个永久的**价值尺度**并觉得有义务遵守。意志承担着情感调节器(自我调节)的角色,是**价值**观得以保存的机制。在认知活动中,知觉经验和逻辑推理之间的冲突是通过保存这一能力来调节的,即在面对逻辑上不相关的变化时保持不变的能力。同样地,一旦意志得到发展,情感冲动之间的冲突也由意志来调节。一旦价值观合理稳定,意志力到位,价值观就可以凌驾于冲突的冲动之上,即使冲动在某一时刻可能比价值观和意志力更强大。这里的关键思想是,作为价值观保存下来的感觉,会产生一种根据这些价值观采取行动的义务感。违背自己构建的价值观的行为就是与自己的行为相抵触。价值观可以通过进一步的构建而随着时间的推移而改变。

根据皮亚杰的观点,有很多因素促使意志的逐步发展。已经提到的一个因素是社会经验的要求,它促成合作并让情感生活保持一致。一以贯之的行为比不一致的行为更能得到他人的理解。此外,情感经验和感觉现在被保存起来了。在任何特定的时刻,情感的过去,即现以记忆呈现,联同当下,成为情感推理的一部分。过去的情感体验不会再被忽视了。对过去和当下的情感的意识,被构建为价值,可以产生不同的情感决策,而不是只对当下情感的意识。①

自主性

在具体运算阶段,情感发展的第二个主要进展是出现了自主情感及其最终产物,即与成人的相互尊重关系。皮亚杰(1981b)写道:

---

①意志的存在并不意味着行为永远是不任性的。意志的存在只是表明,一个人**有能力**从协调的、可逆转的角度来推理情感问题。除了推理之外,还有许多因素影响着行为。因此,有了意志,那些看上去冲动的行为并不一定是不一致的。另一方面,与自己的意志相反的行为像是一种矛盾,可能会产生内疚。

> **自主**的概念……意味着[儿童]……有可能阐述他[或她]……自己的规范，至少是部分阐述。(p.66)在7或8岁之后，儿童开始有能力做出自己的道德评价，执行自由决定的意志行为，并表现出道德情感，在某些情况下，这种情感与在服从[单方面尊重]他律道德中的情感相冲突。(p.65)

推理的自主性是根据自己构建的一套规范进行推理。它进行价值判断，而不是自动接受他人的预设价值。此外，自主推理还考虑他人以及自我。自主性是自我调节。①

在前运算阶段，儿童认为并接受由一些更高的权威——父母、上帝或政府——传下来的规则。正义被看作是在遵守这些规则的基础上进行的。儿童在前运算阶段的道德观是一种服从，也就是皮亚杰所说的单方面尊重。前期儿童不会推理什么是对的或错的。对他们来说，什么是对的或错的是预先确定的(由权威决定)，不由他们自己评价。社会意义上的合作很少，只有服从，或单方面的尊重。

在7—8岁时，儿童**开始**有能力作出自己的道德评价，从而开始阐述自己的规范。也就是说，他们开始推理行为的正确性或不正确性以及行为对他人的影响。当然，这并不意味着他们的评价一定是正确的；这只意味着他们不再服从于预制的价值(单方面尊重)这样的他律道德，转变为合作和评价的道德。

相互尊重是在这个阶段出现的自主思想发展的一个媒介。直到7—8岁，儿童对成人的看法是单方面的尊重(对权威的尊重)。儿童的道德观主要是顺从的。相互尊重是“平等者”之间的尊重。儿童只有在能够看到别人的观点之后，才能发展相互尊重。

有人猜测，相互尊重是从社会压力和经验中产生的。皮亚杰认为情况并非如此，社会经验并不能充分解释这种发展。如果有的话，成人社会通常鼓励儿童将对成人权威的单方面尊重内化。②

皮亚杰(1963b)写道：

> 儿童道德的具体来源是情感和认知上的互惠或“相互尊重”，它从单方面尊重

---

①这里讨论的是自主性与情感发展的关系。第八章将进一步阐述自主性与认知发展的关系。

②家长和教育工作者经常提出的一个目标是发展“自律”。自律大概是指**由自己**控制自己的行为。如果皮亚杰是正确的，那么通过鼓励发展认知和情感的自主性和相互尊重的关系，可以最有效地建立自律。事实上，学校和家长只靠单方面的尊重来运作，是否能促成自律是值得怀疑的。只有在儿童能够建立相互尊重关系的环境中，才会产生自主性。

中慢慢脱离出来。这在具体智力运算和合作水平时就开始了。

相互尊重是从被视为平等的个人之间的交流中成长起来的。它的前提是，首先要接受共同的价值观，特别是就交流自面。每个伙伴都从这些价值的角度来评价他人，并以这样一种方式接受对方的评价，从而使人们在相互尊重中再次发现基于尊重的同情和恐惧。而在这种情况下，恐惧不是对高人一等的权力的恐惧[如单方面尊重]，而是恐惧失去主体自己所尊重的人的尊重……服从[如单边尊重]，实际上被对自主遵守的规范所取代。(pp. 46-47)

当儿童开始与成人就什么是公正和正确的问题发生冲突时，家长和教师就会看到自主性发展的早期迹象。7 岁的孩子抱怨哥哥姐姐得到了一块更大的蛋糕或可以多睡一个小时，即声称缺乏公正，这往往是推理自主的表现。

认知和情感的自主性是从儿童自我调节的努力中成长起来的。构建知识的行为——同化和顺应——是自我调节，具有自主性。从出生开始，儿童就努力使他们的经验有意义，同化他们周围的世界，并在认知和情感知识的建构中实现自主。因此，自主性可以被看作是儿童早期就开始培养的一种行动习惯。

情感自主性持续发展的一个关键时期是在具体运算阶段，此时儿童通常会从基于单方面尊重的道德推理观点转向基于相互尊重的观点。与成人(父母和教师)和同伴的合作性社会关系是必要的，在这种关系中儿童受到尊重并被平等对待。

随着意志和自主性的发展，儿童对规则、意外、撒谎、正义和道德推理的概念有了明显的转变。

规　则

在感觉运动发展阶段，儿童没有游戏规则的概念。在前运算发展阶段，儿童开始意识到规则，并要求他人严格遵守规则。他们认为规则是固定的和永久的，而当他们玩游戏时，则是为了赢。

通常在 7—8 岁(推理的具体运算阶段开始)，儿童开始掌握规则对正确游戏的意义。社会意义上的**合作**开始出现。规则不再被看作是绝对的和不可改变的。儿童通常会形成这样的概念：如果所有人都同意改变游戏规则，那么游戏规则就可以改变。儿童开始尝试在遵守游戏规则的同时赢得比赛(一种社会行为)。

> 在寻求胜利的过程中，儿童首先是**在遵守共同规则的情况下**与他的伙伴进行竞争。游戏的具体乐趣不再是肌肉的[第一阶段]和以自我为中心的[第二阶段]，而变成了社会的。(Piaget, 1965, p.42)

对于开始展示合作的孩子来说，游戏的目的不再是把弹珠弹出圈外或方块外，而是要赢(在竞争的意义上)。

虽然在第三阶段的儿童中，合作是很明显的，但他们通常不知道(没有构建)游戏规则的细节，而且在儿童对规则的报告中，有许多差异是明显的。这种对规则的不认同和对胜利的强调，实际上可以在任何一组参与游戏的幼儿中观察到。如果可以的话，他们会花更多的时间来争论规则是什么以努力赢得比赛，而不是真正玩游戏。

意外和笨拙

前面已经指出，前运算儿童在判断意外时无法考虑他人的意图。因此，前运算阶段的孩子如果不小心被别人撞了一下，通常会认为撞人是故意的，而不是可能是意外的。同样地，打碎15个杯子的孩子比打碎1个杯子的孩子更顽皮，不管这两个孩子的意图是什么。打碎15个杯子比打碎1个更糟糕。

在8—9岁时，正在发展具体运算的普通儿童开始发展考虑他人观点的能力。有了这种能力，在作出判断时，意图开始被理解和考量。在发生意外的情况下，人们不再自动寻求报复。意图变得比行动的后果更重要。意外打碎15个杯子的男孩不再被视为比只打碎1个杯子的男孩更糟糕，因为已经有人告诉后面一个男孩不要这么做了。

不幸的是，皮亚杰关于儿童对意外的理解的观点并不意味着幼儿可以被教会理解其他儿童的意图。对意图的理解不能通过语言教给幼儿。皮亚杰认为，每个孩子都必

须从他或她与他人的积极互动中**构建**这一概念。在这个过程中,同龄人尤其重要。在儿童有能力接受他人的观点之前,从理论上讲,他或她无法建构一个意向性的概念。皮亚杰的发现有助于我们理解幼儿对他人的意外和笨拙的反应,但他们并没有解决如何处理这种行为的问题。①

撒　谎

我们已经看到,在具体运算发展中,儿童将谎言视为不真实的东西。直到10岁或11岁,儿童在判断一个行为是否为谎言时,通常才开始考虑其意图。在这个阶段,没有欺骗意图的不真实的东西不会被自动判断为谎言。

"成人"的谎言概念与普通的前运算或早期具体运算儿童的概念非常不同。这种差异隐含的意思是,大多数儿童在发展中期具体运算思维之前,无法理解成人的谎言概念。即使年幼的孩子想要这么做,也无法对谎言做出类似成人的判断。

> 孩子……早在他们理解这种秩序的社会价值之前就被告知不要撒谎(因为缺乏足够的社会化),有时是在他们能够区分有意的欺骗和由于象征性游戏或简单的欲望而造成的现实扭曲之前。因此,真实性(真相)是外在于主体人格的,并产生了道德现实主义和客观责任,由此来看,一个谎言的严重性不是因为它的欺骗的意图,而是因为它与客观真相有实质性的差异。(Piaget and Inhelder 1969, p. 126)

正　义

皮亚杰的研究表明,儿童对正义的概念随着他们的发展而改变。前运算期的儿童认为规则是固定的、不可改变的。"正义"的惩罚是严厉的,而且往往是任意的(赎罪性惩罚)。在具体运算的发展过程中,儿童对法律和规则的理解虽然不完整,但也是进步

①在这种情况下,明显是要认识到,所有的孩子都不能理解意图,因此不能对关于意图的推理做出反应。这并不意味着你要原谅打了另一个不小心撞到他的孩子,而是你不能指望孩子理解涉及意图的争论。唯一的解决办法是禁止孩子打其他孩子,当他们打人时要惩罚他们,当他们不打人时要奖励他们。另一方面,为了促使儿童建构相关概念,一些意外及其报复可能是必要的。幼儿通常在体会他人的意外之前就明白他们自己也会发生意外。当然,采纳他人观点的能力需要互动。

了。他们开始考虑意图在决定什么是公正方面的作用。此外,具体运算期的儿童越来越多地认为互惠性惩罚比赎罪性惩罚更合适。

就好比,当一个小女孩被要求清理散落在她房间里的物品却没有这样做时,就会被罚不能使用这些物品。这种情况下的惩罚不是任意的;它与应受惩罚的行为有某种关系。

随着儿童情感的发展,在他们的道德推理中可以观察到平行的变化。规范的情感、意志和自主推理的发展影响着具体运算期儿童的道德和情感生活。儿童发展了看到他人观点的能力,考虑他人意图,并更好地适应社会世界。

总　结

具体运算发展是前运算思维和正式(逻辑)思维之间的一个过渡时期。在具体运算的发展过程中,儿童第一次获得了完全的逻辑运算。思维不再受感知的支配,儿童能够解决他或她经验中存在的或已经存在的(具体的)问题。

具体运算阶段的儿童在思维上不像前运算阶段的儿童那样以自我为中心。处于具体运算阶段的儿童可以开始假设他人的观点,口语也越来越具有社会性和交流性。这样的儿童可以将感知去中心化,并注意到转化。思想的可逆性得到了发展。两种重要的智力运算得到发展,即排序和分类,这构成了数字概念的基础。

在这个阶段,可以观察到认知发展和情感发展之间的相似性。意志的发展,使人对自己的规范或价值观产生义务感,允许对情感推理进行调节。推理和情感的自主性在鼓励相互尊重的社会关系中继续发展。孩子越来越有能力评估论点,而不是简单地接受预制的单向想法。这伴随着对意向性的理解和在做出判断时考虑动机的能力的提高。在儿童的道德概念中可以看到成长,例如他们对规则、撒谎、意外和正义的理解。

第六章　形式运算的发展

在形式运算的发展过程中,通常从11岁或12岁开始,儿童构建了解决所有类别问题的推理和逻辑。思想从直接经验中解放出来。在这个阶段,儿童的认知结构达到成熟。也就是说,他或她的潜在推理或思维质量(与"成人"思维的潜力相比)在形式运算的发展中达到了最高水平。过了这个阶段,推理的质量就没有进一步的结构性改进。充分发展了的形式运算期青少年通常具有认知**结构**机制,可以"像"成年人一样思考。这并不意味着具有形式推理能力的青少年的思维在某一特定情况下一定和成人的思维"一样好",尽管它可能同样有逻辑性或推理合理;这只意味着有潜力实现。成人和形式运算阶段的青少年都使用同样的逻辑方法进行推理。

在不平衡的促使下,同化和顺应在整个生命中继续产生图式的变化。在形式运算完全发展之后,推理能力的变化是定量的,在逻辑运算和结构方面的变化不再是定性的。也就是说,推理的**结构**是完整的。一个人的推理能力的质量在此之后不再提高。思维的**内容**和**功能**可望得到改善。这并不意味着青春期过后,思维的运用不能或不会提高。思维的内容和功能在这个阶段之后可以自由变化和提高,这在一定程度上有助于解释青少年思维和成人思维之间的一些经典差异。

人们不应假定所有青少年和成人都充分发展了形式运算思维。一些研究得出的结论是,不到一半的美国人口发展了形式运算的所有可能性(Elkind 1962; Kohlberg and Mayer 1972; Schwebel 1975;and Kuhn et al. 1977)。当然,在美国成年人口中,有相当一部分人的发展从未超过具体运算推理,尽管大多数人都有获得形式运算的潜力。

形式运算与具体运算有何不同

从功能上看,形式思维和具体思维是相似的。它们都采用逻辑运算。这两种思维的主要区别在于,形式思维的应用范围更大,可供儿童使用类型的逻辑运算更多。具体思维只限于解决当前已知的有形的具体问题。具体运算阶段的儿童很难对涉及命题、假设问题或未来的复杂文字问题进行推理。具体运算型儿童的推理是受内容限制的——与现有经验相联系。在某种程度上,具体运算阶段儿童并没有完全摆脱过去和现在的感知。相比之下,充分发展了的形式运算期青少年可以有逻辑地处理所有类别的问题。他或她可以有效地推理现在、过去和未来,假设以及文字命题问题。在这一阶段,儿童开始有能力内省,并能把自己的想法和感受当作对象来思考。因此,形式运算充分发展的儿童有能力以更完全独立于过去和当前经验的方式进行推理。

具体运算阶段的儿童必须单个地处理每个问题;推理运算没有完全协调。儿童不能通过一般理论来整合他或她的解决方案。具有形式运算能力的人有能力使用理论和假设来解决问题。在一个问题上,可以同时和系统地使用几种智力运算。

此外,形式运算的特点是科学推理和假设的建立(和测试),并反映了对因果关系高度发达的理解。孩子第一次能够就没有具体内容的争论(问题)进行逻辑运算。他或她意识到,从逻辑上得出的结论具有独立于事实真相的有效性。虽然具体思维和形式思维都是逻辑性的,但它们显然是不同的。相较于更发达的形式运算阶段的儿童,具体运算阶段的儿童在推理上缺乏广度、力度和深度。

形式认知思维和推理是从具体运算中产生的,与每一个新的思维层次一样,都是通过包含和修改先前思维的方式产生的。形式思维具有假设—演绎、科学—归纳和反思—抽象的结构属性。此外,形式思维的内容被皮亚杰称为**假设性**或**组合性**的,以及**形式运算**图式。本章通过皮亚杰作品中的一系列问题来说明这些结构属性和内容。这些例子主要引自英海尔德和皮亚杰合著(1958)以及皮亚杰(1972a)的论著,这是皮亚杰关于青少年时期认知发展的两部最重要的作品。

在形式运算阶段发展的结构

假设—演绎推理

假设推理"超越了日常经验的范围,涉及我们没有经验的事物"(Brainerd 1978, p. 205)。它是超越感知和记忆的推理,处理我们没有直接认识的事物,也就是假设性的事物。

演绎推理是指从前提条件到结论或从一般到具体的推理。基于演绎推理的推论或结论只有在它们所衍生的前提是真实的情况下才必然真实。然而,推理可以应用于有错误前提的论证,并且可以得出符合逻辑的结论。

假设—演绎推理是指“从作为**假设**的前提推导出结论，而不是从主体实际验证的事实推导出结论”（Brainerd 1978，p. 205）。通过这种方式，可能（假设）成为一个可以有效使用推理的舞台。

具有形式运算能力的人可以完全用符号（在他们的头脑中）推理假设的问题，并能推导出逻辑性的结论。因此，当他们得到一个形式为“A 小于 B，B 小于 C；A 是否小于 C?”的问题时，他们可以从前提（A < B，B < C）进行适当的推理，并推导出 A 小于 C（A < C）。当用抽象语言提问：“鲍勃在山姆左边，山姆在比尔左边；鲍勃在比尔左边吗?”那些具有形式运算能力的儿童可以从假设或前提中做出正确的推理。具体运算阶段的儿童，对假设情况缺乏成熟的演绎推理，不能可靠地解决这种形式化的问题。

在形式运算过程中，假设—演绎推理的另一个特点是能够对被认为是不真实的假设（假前提）进行推理，并且仍然可以从假设中推断出逻辑结论。如果一个逻辑论证的前缀是“假设煤是白色的”，那么具体运算阶段的儿童在被要求解决这个逻辑问题时，就会宣称煤是黑色的且这个问题无法回答。具有形式运算能力的儿童则会接受煤是白色的假设，并继续推理论证的逻辑。大一点的孩子可以将论证的结构付诸逻辑分析，而不是仅仅依赖其内容的真假。

科学—归纳推理

归纳推理是指从具体事实到一般结论的推理。它是科学家用来概括或得出科学规律的主要推理过程。

英海尔德和皮亚杰（1958）总结说，当遇到问题时，有形式运算能力的儿童能够像科学家那样进行推理。他们形成假设，控制变量实验，记录效果，并从其结果中系统地得出结论。本节将介绍这项工作中的两个例子，以说明形式思维中的科学—归纳推理。

科学推理的特点之一是能够同时思考若干变量。那些具有形式推理能力的人以协调的方式完成这一工作，并能确定一个、全部或一组变量的某种组合的效果。皮亚杰将此称为**组合推理**。组合推理，或在同一时间对若干变量进行推理，并不是具体运算型儿童能够可靠地做到的。具体运算阶段的儿童通常只有在有单一变量和可以直接从观察中确定原因时才能成功推理。形式的推理超越了观察。变量之间的**关系**必须通过推理来**构建**，并通过系统的实验加以验证。

无色化学液体问题

在无色化学液体问题中，孩子会看到五个玻璃杯或罐子，每个都装有不同的无色液体（见图6.1）。五个容器中的四个看起来完全一样。第五个容器里有一个滴管以及一种透明液体（碘化钾，标号为g）。水在酸性混合物中氧化了碘化钾，使混合物变成黄色。水(2)是中性的，硫代硫酸盐(4)是一种漂白剂。给孩子两个杯子，一个装水(2)，另一个装稀硫酸和含氧水(1+3)。实验者在两个杯子中分别滴入几滴碘化钾(g)，并记录反应。孩子被要求以任何方式使用五个原始容器来再现黄色的颜色。如果产生了黄色，就要求孩子解释是如何做到的。能产生黄色的唯一组合是(1)+(3)+g或(1)+(3)+(g)+2；前者是更简单的解决方案。两种或两种以上的液体组合有25种可能。仅仅通过观察是无法确定问题的解决方案的。

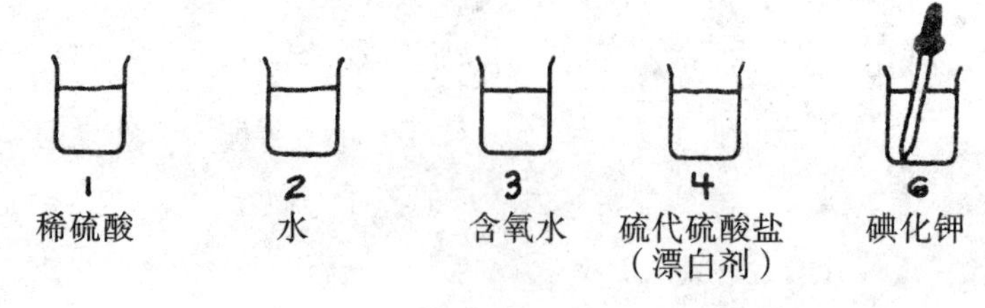

图6.1

在前运算阶段的水平，儿童只是以不系统的方式一次尝试两种液体的不同组合。在具体运算层面上，他们的努力更加系统，但并不完全如此。三种和四种液体的组合经常被尝试，但具体方法主要靠试错。偶尔这些方法会产生黄色的组合，但具体运算阶段的儿童不能可靠地重复这个过程或解释他们是如何得到的。

> 基斯(9; 6)开始采取(3×g)+(1×g)+(2×g)+(4×g)的办法，之后他自发地将四个杯子里的东西往另一个杯子里混合；但没有进一步的结果。“**好，我们重新开始**。”这次他先混合4×g，然后1×g：“没有结果”然后他加入2×g，看着，最后放进3×g。“**再试一下**(1×g，然后2×g，再3×g)。**啊!** (黄色出现，但他加了4×g)。**哦！原来如此！所以就是这个(4)拿走了颜色。3能给出最好的颜色**。”“你能用更少的瓶子做出颜色吗?”——“**不能**。”——“试一试。”(他进行了几个2×2的组合，但都是随机的。)(Infielder and Piaget, 1958)。

具有具体运算能力的基斯尝试不同的2×2组合。他混合了不同的组合，成功地

得到了黄色，然后又失去了它。他无法重复他的成功。所有可能的组合的尝试都是不可控的。基斯的方法在很大程度上是一种试错行为。

在形式运算的层面上，儿童明白黄色是组合的结果。在他们的推理和实验工作中，使用了系统的组合方法。

> 萨尔（12；3）……“**我最好把它写下来，提醒自己。1×4 完成了；4×3 完成了；还有 2×3。还有几个我没做的**（他找到了所有的 6 个，然后加上水滴，从 1×3×g 中找到黄色）。**啊！它变成黄色了。你需要 1、3 和水滴**”——“黄色在哪里？”……“**在那里？**”（g）——“**不，它们在一起。**”——“2 呢？”——“**我不认为它有任何作用，它是水。**”——“4 呢？”——“**它也没有任何作用，它也是水。但我想再试一次；你不能太肯定**……（他把 1×3×2×g 放在一起，然后是 1×3×4×g）“**啊！就是这样！那一个(4)使它不上色。**”——“那个呢？”（2）。——“**是水。**”（Infielder and Piaget 1958，pp. 116-17）

萨尔很快意识到，需要采取系统的组合方法，他开始对变量的组合进行分类。每个组合都要进行效果测试。对于有形式运算能力的儿童来说，组合推理是一种结论性的推理机制。这类问题的解决方案不能仅从观察中得出。

钟摆问题

在无色液体问题中，儿童必须找出能产生效果的变量集。钟摆问题（图 6.2）也需要组合推理，但目的不同。解决钟摆问题要求人们**排除**而不是包括变量。

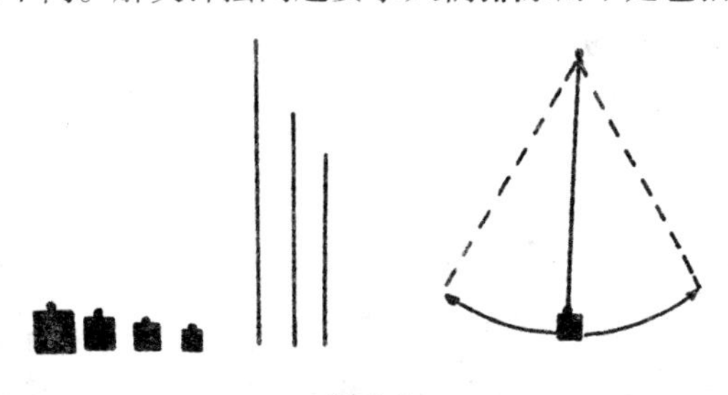

图 6.2

一个悬挂在绳子末端的重物，然后开始运动，就像一个钟摆。给儿童提供不同长度和不同重量的绳子，要求他们确定并解释是什么控制了钟摆的运动和摆动速度。儿童通常考虑的因素是绳子的长度、绳子末端的重量、开始运动时重量下降的高度以及启动钟摆运动的力量或推力。

控制摆锤振荡或运动速度的唯一因素是绳子的长度。因此，“问题是要把它（弦的长度）从其他因素中分离出来，并把它们排除在外。只有这样，主体才能解释和改变摆动的频率，并解决这个问题”（Infielder and Piaget 1958, p. 69）。

在前运算水平，大多数儿童认为钟摆的运动速度取决于他们对它的推动。

> 人们可以看到……由于缺乏序列排序和准确的对应关系，实验主体既不能对实验作出客观的说明，甚至不能给出一致解释。特别明显的是，孩子不断地干扰钟摆的运动，却无法将他给予钟摆的推动力与独立于他行为的运动分开。（Infielder and Piaget 1958, p. 69）

在具体运算的层面上，儿童通常会发现钟摆的绳子长度和其运动速度之间的关系。即使如此，他们也无法将这些变量分开，并将运动完全归因于绳子的长度。他们确信，重量和“推力”与振荡有关。

> 雅克（8; 0）在经过几次试验后，他改变了绳子的长度：“**它越不高**（绳子越短），**它走得越快**。”另一方面，悬挂的重量造成了不相干的关系。“**用大的**（重的）**它落得更好；它走得更快**；例如，**不是那个**（500克），**是这个**（100克）**走得更慢**。”但经过重新试验，他在提到100克的重量时说：“**它走得更快**。”——“你要怎么做才能让它走得更快？”——“**加上两个砝码**。”——“否则呢？”——“**不加任何重量：它在较轻的时候会更快**。”关于下降点。“**如果你在很低的地方放手，它就会走得很快**。”“**如果你在更高处放手，它就会走得更快**，”但在第二种情况下，雅克也缩短了绳子。（Infielder and Piaget 1958, p. 70）

普通的具体运算阶段儿童能够正确排列改变一个变量（绳子的长度）的效果。他们不能得出结论说，只有一个因素控制了钟摆的运动速度。他们不能排除其他因素的因果关系。根据英海尔德和皮亚杰的说法，处于形式运算阶段的儿童“能够通过改变一个单一的因素，在保持所有其他事物相同的情况下，分离出所有存在的变量”（1958, p. 75）：

> 爱玛（15; 1）在筛选了100克砝码配长弦和中长弦；20克砝码配长弦和短弦；

> 最后200克砝码配长弦和短弦后，总结道："是绳子的长度让它走得更快或更慢；重量没有起到任何作用。"她同样不考虑下落的高度和推动的力量。(1958, p.75)

大一点的孩子的实验和推理是系统的。一次只改变一个变量或因素，而其他所有因素保持不变。所有的可能性都被探索过。有形式运算的儿童可以应用组合推理，并可以排除没有任何影响的变量。

值得注意的是，刚才介绍的两个问题是具体问题。具体运算的儿童不能成功地推理这些问题，尽管他们可以成功地推理其他具体问题，如大多数守恒问题。虽然这两类问题都是具体问题，但无色液体问题和钟摆问题不仅仅是靠观察才能解决的。在大多数守恒问题(前面讨论过的问题)中，解决问题所需的所有必要信息，孩子都能找到和观察到。这让转换的可逆性或互换性完全能够理解。在无色液体问题和钟摆问题中，**没有**提供所有的相关信息。每到这样的情况，必须通过归纳(科学)推理来构建变量之间的关系，并通过实验来验证。单靠可逆性和具体的思考并无法使具体运算的儿童做到这一点。

反思性抽象

反思性抽象是认知建构发生的心理活动机制之一。在我们前面关于知识的讨论中，物理知识和逻辑—数学知识被区分开来。物理知识是通过对物体的操作而得到的关于物体的物理属性的知识。逻辑—数学知识是通过对物体的物理或心理行为构建的知识。逻辑—数学知识的衍生机制被称为反思性抽象。

反思性抽象(如逻辑—数学知识的构建)总是超越可观察的范围，导致心理重组。反思性抽象包括了从低层次到高层次的抽象，是所有逻辑—数学知识构建中的主要机制。

反思性抽象是基于现有知识的内部思考或反思。在形式运算水平，内部反思可以产生新的知识——新的建构。具体运算阶段的儿童不能单靠内部反思来构建新的知识(Brainerd 1978)。

类　比

在1977年发表的一项关于反思性抽象的研究中，皮亚杰考察了儿童对类比的理解(Gallagher and Reid 1981)。类比是有意义的，因为它们需要对构成类比的成员之间的关系进行构建和比较。根据皮亚杰的观点，这些关系只能通过反思性抽象来实现。类比中的关系不能直接从经验中推导出来。例如，考虑这个类比：狗和毛发就像鸟和羽

毛一样。这个类比的四个成员——狗、鸟、毛发和羽毛——都是大多数人通过经验知道的普通物体。这个类比的核心是狗的毛发和鸟的羽毛之间的关系。这种关系是无法观察到的，是通过反思（反思性抽象）产生的。

要求5岁至13岁的儿童将图6.3中的图片配对并排列成2×2的矩阵。如果孩子在建立配对或在矩阵中排列配对方面有困难，就会被问到一些问题，如“吸尘器是靠什么运行的？”“汽车靠什么行驶？”所有儿童都被问及他们认为特定物品在一起的原因。

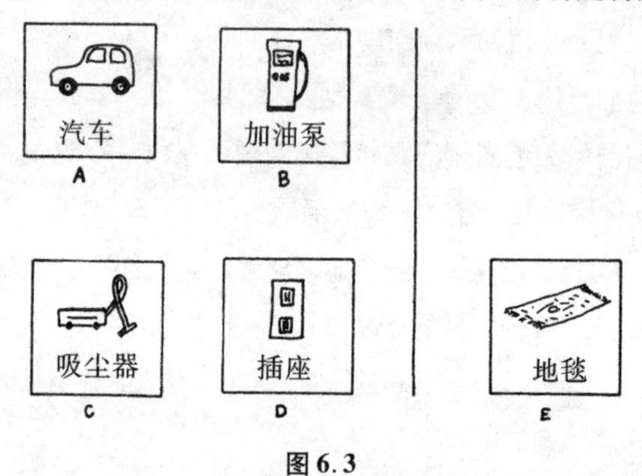

图6.3

当矩阵中的类比组被正确建立时，就会有反暗示，例如，“地毯（E）在这里和插座（D）配吗？”反暗示被用来确定孩子是否在用类比推理，以及这种推理对建议的抵御程度。

加拉格尔和里德报告说，皮亚杰的研究导致了对类比的理解和推理的三个不同水平的识别。

> 处于第一阶段的低龄儿童更有可能排列成对，但忽略了完整的类比形式。例如，他们说狗需要毛发来保暖，鸟需要羽毛来飞行，狗和毛发之间的关系（A对B）没有与鸟和羽毛之间的关系（C对D）进行比较。对皮亚杰来说，这是一个经验性抽象的例子，即关注可观察的特征，这未能根据A:B与C:D的类比形式作真正的解答……
>
> 第二阶段的儿童（8至11岁）能够完成矩阵，但当提出反暗示时，类比形式被证明是薄弱的，答案被改变。然而，根据皮亚杰的观点，完成矩阵的能力显示了反射性的抽象性，即把从低层次得出的东西投射到更高的层次……
>
> 在第三阶段（11岁以上），儿童能够抵御反暗示。A:B作为C:D的形式已经稳定下来，被试有可能通过有意识地解释从考虑类比的两个部分得到的层次关系来反思他们的答案。（1981，pp. 117-18）

第一阶段的儿童可能分组正确，但他们的推理通常是“汽车与加油泵相配，吸尘器与插座相配”，而没有意识到这两对组合之间的关系。正是对儿童推理的探索，而不仅仅是他们的答案，揭示了他们的理解水平。直到形式运算阶段，儿童才能够使用类比规则和阐明类比的形式。

类比推理是一个几乎完全独立于内容而构建的推理实例。类比的核心特征是比较各对关系。这显然超出了可观察的范围。

形式思维的内容

形式思维区别于具体思维的主要结构特征已经被指出。那么，具有形式运算的人能够推理，而具有具体运算的人不能推理，是关于什么样的**内容**？皮亚杰将形式思维的内容确定为**假设运算**和**形式运算图式**。

假设或组合运算

英海尔德和皮亚杰(1958)提出了皮亚杰的理念，即在形式运算阶段的推理在许多方面与逻辑学家使用的假设逻辑相似。这种思维是逻辑的、抽象的和系统的。要充分理解皮亚杰的观点，需要对符号逻辑有所了解。

我将把解释假设逻辑的任务和皮亚杰观点的细节留给其他人(见 Brainerd 1981；Ginsburg and Opper 1978)，转而看一下形式运算儿童使用的那种与假设逻辑相似的推理。

皮亚杰和英海尔德用来考察假设推理使用的一个任务是本章前面描述的钟摆问题。他们认为，只有在形式运算的层面上，儿童才会对钟摆摆动的原因进行系统的推理。他们要经过几个步骤，包括产生假设、设计和进行实验、观察结果以及从结果中得出结论。

在钟摆问题中，摆绳的长度、摆的重量、释放的高度和释放时的推力等因素都可以单独或组合地被假设为是振荡的原因。

实验的设计通常采取这些因素中的两个，并将它们结合在所有可能的组合中。绳子的长度和摆锤的重量可以尝试四种可能的组合，并观察每种组合的振荡率。表 6.1 显示了这四种组合和对振荡的观察结果。

看一下有关重量因素的结果，很明显，重量和振荡之间没有关系。重的砝码和轻的砝码都有缓慢和快速的振荡。因此,重量本身作为一个因果因素可以被排除。观察摆绳长度的结果,我们可以观察到一个一致的模式。当绳子很长时,无论重量如何,摆的摆动总是很慢。当绳子很短时,摆动总是很快。很明显,摆绳的长度确实在决定振荡速度方面起作用,而摆的重量并不起作用。摆的长度意味着振荡;而摆的重量则不意味着振荡。

表 6.1　钟摆问题:四种组合因素

	因素　　　结果		
	长度	重量	振幅
1	长	轻	慢
2	短	轻	快
3	长	重	慢
4	短	重	快

让我们来看一下有关重量因素的结果,很明显,重量和振荡之间没有关系。重的砝码和轻的砝码都有缓慢和快速的振荡。因此,重量本身作为一个因素可以被排除。观察摆绳长度的结果,我们可以观察到一个一致的模式。当绳子很长时,无论重量如何,摆动**总是**很慢。当绳子很短时,摆动**总是**很快。很明显,摆绳的长度确实在决定振荡速度方面起作用,而摆的重量并不起作用。摆的长度意味着振荡,摆的重量不意味着振荡。

上述实验将四个因素中的两个因素在所有四个可能的组合中结合起来。类似的实验可以确定另外两个因素,即释放的高度和摆锤的推力,相互组合,以及各自在其他三个因素的各种可能组合中所起的作用。具有形式运算能力的儿童并不总是像表 6.1 中所展示的那样形式化地组织他们的调查或实验,但他们有能力使用所示的那种推理。像这样的组合程序使具有形式运算能力的青少年能够得出确定的结论。①

①在第五章中提到,具体运算阶段的儿童在解决守恒问题时使用了两种可逆性——反转和互换。他们可以通过反转或互换(补偿)进行心理可逆,尽管他们不能协调反转和互换的使用。在形式运算思维中,儿童学会了协调这两种可逆性。在下面的平衡问题中,当儿童理解到离支点距离相同的重量能有效地相互抵消,或建立平衡时,就可以看到反转和互换。此外,当儿童认识到离支点较远的小砝码与较近的大砝码相抵时,他们会使用互换性。因此,以前这两种可逆性运算是独立使用的,而在形式思维中,它们以一种协调的方式共同发挥作用。

形式运算图式

形式运算图式没有假设图式那么抽象，而且比假设运算更接近于科学推理。接下来，我们将对比例和概率这两个形式运算图式的例子进行研究。

儿童比例概念的发展可以从他们使用天平平衡的动作中看出，如图 6.4 所示。在 7 岁以前，儿童很难在天平上实现重量平衡。他们知道平衡是可能的，但他们为达到平衡所做的尝试总是试错式的修正。天平上的补偿从来不是系统的。7 岁以后（具体运算阶段的年龄），儿童发现离支点较远的小重量可以平衡离支点较近的大重量。他们学会了以系统的方式来平衡重量和长度。但他们并没有将重量和长度的两个功能按比例协调起来。

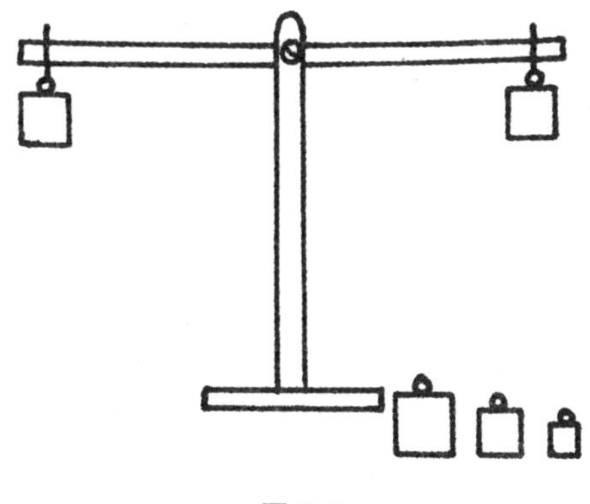

图 6.4

13 岁左右，当儿童意识到支点一侧重量的增加可以通过另一侧与支点距离的增加来补偿时，就会理解比例原则（$W/L = 2W/2L$）（Inhelder and Piaget 1958）。因此，儿童的比例概念的发展与他或她的一般概念发展是一致的。在不同的阶段，比例图式有质量上的差异。

概　率

概率是一个基于理解机会和比例的概念。在形式运算阶段之前，概率并没有被构建。

> 儿童至少一定能够进行这一层次所特有的两种运算。他必须能够应用一个组合系统，使他能够考虑到给定元素的所有可能的组合；他必须能够计算比例，无论多么初级的比例，以便他能够掌握这样一个事实（这是前一层次的主体所不具

备的)：像3/9和2/6等这样的概率是相等的。直到11岁或12岁，孩子才会理解组合概率的含义。(Piaget and Inhelder 1969, p.144)

儿童对概率概念的发展可以通过以下程序进行评估。一套96块四种不同颜色一英寸见方的木制积木被放在孩子可以看到的桌子上。积木的颜色分布数量分别是36、36、20和4。将积木按颜色分成几组，然后每组数量减半。每种颜色有一半积木(18、18、10、2)被放在一边，作为参考组。其余的积木放在一个袋子或盒子里，不被人看到(见图6.5)。孩子必须意识到两组积木是一样的。

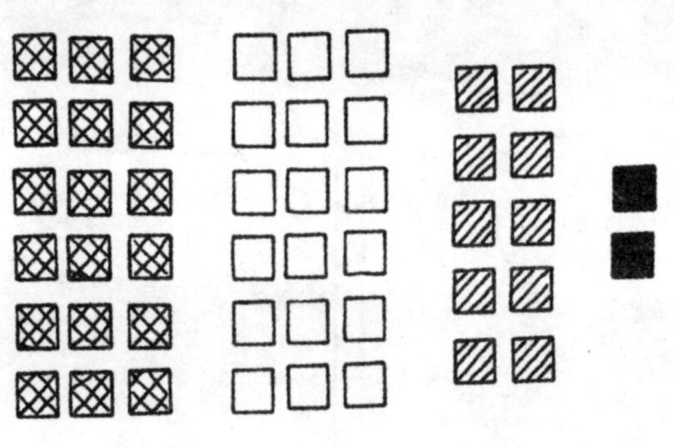

图6.5

袋子里的积木被彻底混合起来。孩子被告知，考官将从袋子里取出两块积木，但不看袋子。孩子被要求预测这两块积木是什么颜色。当孩子回答时，被要求解释其答案。积木从袋子里取出，放在桌子上。重复这样取积木，直到考官确定孩子对这种概率的理解程度。

在11或12岁时，儿童一般都是根据概率以外的一些依据进行预测，或者对概率的信念有限。前运算阶段的儿童很少使用基于推理的策略。他们经常预测下一个抽出的颜色与前一个抽出的色块相同，或者预测自己喜欢的颜色。大多数时候，他们只是猜测。具体运算阶段的儿童经常使用一种策略，尽管他们并不坚持使用概率策略。

有形式运算能力的儿童通常以基于概率的反应来应对这种问题。他们的回答总是由袋子里剩余的每种颜色的积木数量决定的。赫尔德和沃滋沃斯(1977)的研究发现，儿童平均在12岁时就能理解这个问题。

在形式运算阶段形成的比例和概率概念是形式运算图式的例子。这种图式没有假设图式那么抽象，因为它们的运作并不像假设运算那样依赖于推理。

情感发展和青春期

在形式运算阶段,情感的发展与认知结构的发展同源。正如我们在整个发展过程中所看到的,认知发展和情感发展有一个共同的印记。

在青少年时期,情感发展由两个主要因素所塑造:**理想化的情感**的发展和**人格**的继续形成。

理想化的情感

随着形式运算的发展,出现了推理和思考假设的能力即思考未来,以及反思自己的思考即思考关于思考本身的能力。“从此以后,智力不仅能够对物体和情况进行运算,而且能够对假设进行运算,因此,能够对可能性和真实性进行运算”(Piaget 1981b, p. 69)。

如果有这样的动机,如果拥有必要的内容,具有形式推理能力的青少年可以像成年人一样进行逻辑推理。评价智力论证的工具已经形成并完全发挥作用。青少年与成人思维之间的主要情感差异之一是,最初在使用形式运算时,青少年在评价有关人类事件的推理时通常采用纯逻辑的标准。如果它是符合逻辑的,它就是好的、正确的,诸如此类。这就是他们自我中心主义的本质。青少年缺乏对世界秩序的充分认识。由于有能力产生无尽的假设,青少年认为最好的东西就是符合逻辑的东西。他或她还不能区分其所认为的逻辑世界和“真实”世界。本章后面在关于青少年自我中心主义的讨论中,将探讨青少年理想化的情感对青少年行为的意义。

人格的形成

尽管婴儿出生时通常能与母亲和其他人互动,但这种互动最初是前社会性的,而不是完全社会性的。幼儿最初与环境中的人的感觉运动互动,就好像他们是物体一样。早期的交流不是真正的社会性交流,涉及沟通或关系性情感,但这些早期的交流以及它们对认知和情感发展的帮助在社会发展中还是很重要的。事实上,发展中可以看到有一条主线,就是一个从出生时的非社会性到具有完全社会行为能力的过程。社会发展完全与认知和情感发展相联系,并依赖于认知和情感的发展。社会性的含义是一种**建构**。一个人必须学会有社会性。它不是必须随之发生的;事实上,**适应良好**的认知和情感的社会知识是无法保证的。

对他人的感情是在感觉运动发展中出现的。在下一个层次,感情得到保存,新的社会关系的稳定性成为可能。儿童与同伴的互动,产生了最早的相互尊重关系,在发展对合作的理解和重视方面变得很重要。意志和自主性的发展有助于建立必要的感觉和对被重视者的义务感。

在青春期形式运算的发展过程中,社会方面的发展仍在继续。皮亚杰告诉我们,正是在这个时期,出现了他所说的人格的完成(Piaget, 1981b, 1963b)。皮亚杰区分了他所谓的人格和自我。自我,从生命的第一年开始发展,是面向个体的。自我"是以自我为中心的活动"(Piaget, 1981b, p. 71)。自我指的是自我利益,意味着此刻对自我以外的其他人没有压倒性的义务。在这个意义上,自我是享乐主义的。

根据皮亚杰的观点,多少开始固定不变的人格形成出现在形式运算发展之后,青少年(或成年人)试图适应社会,并最终适应实际运转的世界;也就是说,他或她作为社会中的有贡献的一员所在的位置。对皮亚杰来说,这是"决定性的"(但肯定不是最后的)适应,而且必然是自我对某种形式的纪律的自由选择或自主服从。因此,与针对自我的自我不同,人格是针对社会的,是成为社会的一部分。它"与个人在社会中扮演的角色或他(或她)为自己指定的、他(或她)希望扮演的角色有关"(Piaget, 1963b, p. 45)。人格是"一个人的工作与他的个性融合的问题"(Piaget, 1981b, p. 71)。

那么,人格是成为成年人的愿望和积极努力的产物,同时仍然保持自主性和价值观。

> 人格意味着合作和个人自主性。它既反对……完全没有规则,也反对完全的异质性,即对外部强加的约束的卑微服从。(Piaget, 1967, p. 65)

对皮亚杰来说,人格的决定性的一面既建立在意志之上,又取代了意志,成为维护自己构建的价值观的一种手段,同时寻求(重视)社会中的真实角色。在许多方面,人格的形成和它所暗示的一切都可以被看作是社会和情感发展的决定性方面。当然,这没有什么是自然而然的。在一个人的社会知识发展和对他人的感受方面,可能会出现许多隐患(而且常常如此)。

青少年时期的道德发展

道德推理的发展始于感觉运动的发展,并在形式运算和情感发展充分发展后达到其最高水平(见表6.2)。

表 6.2　儿童的认知发展与规则、意外、撒谎和公平等概念的发展之间的关系

认知发展	规则	事故	撒谎	公平
感觉运动阶段（0—2 岁）	运动状态。规则没有被观察到			
前运算阶段（2—7 岁）	自我中心主义阶段。单独游戏；无合作或者社交互动	意图没有被考虑在内。 孩子们不在意他人。 评价基于行为的效果	惩罚是谎言的标准。 没有被惩罚 = 没有撒谎。 撒谎似乎“不好”	臣服于成人的权威。 任意的，被认为是公正的赎罪惩罚
具体运算阶段（7—11 岁）	初步合作。 规则被观察到，虽然对规则的内容没有什么共识	意图开始被考虑。 孩子们开始考虑到他人	撒谎 = 非真实。 没有被惩罚的非真实是谎言	公正基于互惠。 公平比权威重要
形式运算阶段（11—12 岁之后）	编纂规则。所有人都知道的规则；关于什么是规则的协议；规则可以通过共识来改变；为了自己的利益的规则		意图决定了一个假的陈述是不是谎言。 真实被认为是合作的必要条件	平等与公平。 互惠考虑到动机和环境

规则的编纂。大约在形式运算开始时，即 11 或 12 岁时，大多数儿童对规则构建了相对细致的理解。游戏规则被视为在任何时候都是由双方协议固定的，并可通过双方协议而改变。早期认为规则是永久性的，是由权威机构从外部强加的，这种想法已经不复存在。在这个阶段，所有人都知道利用规则，而且所有人都认可规则是什么。青少年充分认识到，为了有效合作和玩游戏，规则是必要的。他们似乎还对规则本身有兴趣。

撒谎。我们已经看到，前运算阶段的儿童一般将谎言视为“不好”的东西。无意识的错误仍被视为谎言。不会招致惩罚的违规行为不被视为谎言。在 7 岁到 10 岁之间，判断一个陈述是不是谎言的标准是这个陈述的对错。所有错误的陈述都被视为谎言。

前面已经指出，到了 7 岁左右，儿童将避免惩罚视为不说谎的理由。事实上，幼童通常认为不受惩罚的行为必然不是谎言。在 9 岁左右，谎言的概念与惩罚有了分离。具体运算阶段的儿童通常认为，即使没有受到惩罚，谎言也是错误的。

皮亚杰观察到，儿童关于撒谎的概念一般在 10 到 12 岁之间成熟。意图成为用来评价谎言的主要标准。大一点的孩子（能形式运算）也认识到，不撒谎是合作的必要条件。这都是一个从约束性道德到合作性道德的长期转变的一部分。

> 首先，谎言是错误的，因为它是惩罚的对象；如果惩罚被取消，它将被允许。然后，谎言变成了本身就是错误的东西，即使惩罚被取消，它也是错误的。最后，谎言是错误的，因为它与相互信任和感情相冲突。因此，说谎的意识逐渐变得内化，而且可以大胆假设，它是在合作的影响下进行的。(Piaget 1965, p. 171)

正义。皮亚杰认为，儿童只有在对规则的理解出现后，才开始构建公正的惩罚概念，一般在7岁或8岁。规则的概念是在儿童与其他儿童互动时形成的。所有这些都与智力上的自我中心主义的下降和看到他人观点的能力的提高同时发生。在道德判断中，我们看到从非社会判断（惩罚性的）到社会判断（对等性的）的演变。

> 在我们迄今为止所研究的每一个领域中，对成人的尊重，或者至少是某种尊重成人的方式，会随着儿童之间的平等和关系而减少……在报复[惩罚]领域中，单方面尊重[自我中心主义]的影响会随着年龄的增长而减少，这是非常正常的……报复思想所剩下的是这样一个概念，即人们不是必须以相应的痛苦来补偿罪行，而是必须通过与过错本身相适的措施，使犯罪者认识到他以何种方式破坏了团结的纽带……互惠的思想，最初往往被视为一种合法化的复仇或报复的法律。……本身就倾向于一种宽恕和理解的道德。……孩子意识到只有在做好事的情况下才能有互惠。……对等法则由于其本身的形式而意味着某些积极的义务。这就是为什么儿童一旦承认了正义领域中的对等惩罚原则，就会经常感到任何惩罚性因素都是不必要的，即使是“有动机的”，重要的是让犯错者认识到他的行为是错误的，因为它违背了合作的规则。(Piaget 1965, p. 232)

皮亚杰的结论是，在儿童正义概念的发展中存在三个主要时期。第一个时期持续到7岁或8岁。在这个时期，公正从属于成人的权威。儿童对成人（权威）说的任何东西都认为是对的。公正和非公正的概念以及义务和不遵守之间的概念没有区别(Gruber and Vonèche, 1977年)。儿童认为惩罚是公正的本质。

第二个时期，在8岁到11岁之间，围绕合作的概念发展。对等性被视为惩罚的适当基础。主要强调惩罚的“平等性”，即对法律的解释对所有人都是平等的，无论在什

么情况下，所有人对同样的罪行都应该得到同样（平等）的惩罚。平等被视为比惩罚更重要。赎罪的惩罚不再被认为是公正的。

在第三个时期，通常从11岁或12岁开始，对等仍然是儿童判断惩罚的基础，但现在儿童在制定判断时要考虑意图和情景变量（情有可原的情况）。皮亚杰将此称为公平。从数量上看，惩罚不再需要"平等"地进行。例如，年幼的孩子要比年长的孩子承担较少的责任。在这个发展水平上，基于公平的判断可能被读者认为是对平等的更有效的实施。

智力发展和青春期

青春期行为一直是父母、教育家和心理学家关注的问题。① 自斯坦利·霍尔（G. Stanley Hall, 1908）以来，许多理论家都试图解释青春期的独特特征。精神分析理论（Freud,1946; Erikson, 1950）为青少年行为的情感和社交方面提供了理论依据，尽管支持这一立场的研究很少。行为学家基本上回避了青春期的话题。尽管青春期在教育和心理学文献中得到了相当多的关注，但这些关注很少涉及大龄儿童的智力发展以及青春期推理的独特认知和情感特征对青春期行为的可能影响。

皮亚杰承认成熟和性意识在青春期所起的作用，但他提出这些事实不足以解释青春期。

> 但这些众所周知的事实，在某些心理学著作中显得平淡无奇，远远不能穷尽对青春期的分析。事实上，如果以思维和情感在青春期中真正的意义而言，那么发育的变化只起到非常次要的作用。（Piaget 1967, p.60）
>
> 从融入社会的角度来看（其心理社会学的重要性远远超过其生物学的重要性），青春期的主要特点是个人不再认为自己是个孩子。他不再认为自己不如成人，开始觉得自己与成人平等；他设想成为社会的一员，发挥自己的作用，并发展自己的事业。现在很明显，以这种方式设想的青春期与发育期不一致。它的平均年龄将主要取决于周围的社会结构。在老年社会中，年轻的成年人像孩子一样顺从于长者，幼稚的心态会持续更长时间，青春期的过程也会变得非常模糊。

①在本节中，我们认为青春期大致是从15岁到18岁，并且假定青少年已经发展了形式运算。

> 青春期的危机，就像所有的发展现象一样，包括智力和情感的因素。在智力方面，正是形式……运算的出现，让个人能脱离当下……以及儿童或多或少受限于局部感知情况，使他能理解可能的和尚不存在的东西。……在情感上，价值尺度的建构使他既能超越他的直接环境的限制圈，又能构成他的“人格”的中心轴。……由于这两种手段，即形式运算和“个人”的价值等级，青少年在我们的社会中扮演着将新一代从老一代中解放出来的基础角色。这导致个人进一步加强他在童年发展中获得的新东西，同时在一定程度上将他从成人的制约所造成的障碍中解放出来。(Piaget 1963b, pp. 20-21)

因此，在皮亚杰看来，塑造青少年的重要因素是这些年发生的认知和情感的发展。

青少年的一个特点是他们有能力抓住成年人使用不合逻辑的推理。每个老师和家长都经历过这种持续的、有时令人沮丧的特点，这种特点在年幼的儿童中较少发现。它发生在有形式运算能力的儿童身上，因为他们已经发展了推理和逻辑能力，在某些方面与成年人相当。与能形式推理的成人一样，能形式推理的青少年并不总是使用它，但是一旦推理发展成熟，青少年就具有与成人一样的逻辑推理能力。

成人和青少年推理能力的一个主要区别是图式或认知结构的变化。新的模式或新的知识领域的发展并不随着形式运算的实现而停止。随着人们不断有新的经验，他们继续发展新的模式和概念。成人的经验范围通常要比青少年的大得多。因此，普通的成年人比普通的青少年拥有更多可以用来推理的结构或内容。

皮亚杰的工作中最被忽视的方面是尝试解释青少年思想和行为的独特性。尽管皮亚杰并没有试图解释所有的青少年行为，但他确实在认知发展、情感发展和一般行为之间提供了一个重要的联系。遗憾的是，皮亚杰关于这一主题的思想没有引起更多的兴趣和关注，特别是在青少年的父母和教师中。

皮亚杰对青少年行为的解释与他的其他部分理论是一致的。他认为青少年思想和人格的独特特征是发展的正常产物。也就是说，青少年的许多思想和行为可以用之前的发展来解释。在这方面，青春期之前和期间的认知和情感结构的发展有助于解释这一时期的行为特征。

青少年是已经进入形式运算阶段的普通人，正在或已经发展了该阶段所特有的认知技能和情感推理。逻辑运算使孩子能够对广泛的逻辑问题进行逻辑推理。在这一点上，认知结构的质的发展被假定是完整的。普通的青少年已经具备了与成年人一样

的在逻辑解决问题中所需的心理机制。那么，为什么普通的青少年的思维方式与成人不同？

皮亚杰认为，青少年思维独特的特点，部分取决于儿童的认知和情感发展水平以及伴随而来的思维的自我中心主义。

青少年的自我中心主义

自我中心主义是认知发展的一个常态。在心理成长的每一个新阶段，儿童没有区分能力的状态都会以不同的形式呈现，并表现为一系列新的行为。因此，与所有新获得的认知结构相关的思维特征之一就是自我中心主义。这是心理发展的一个副产品，在某种意义上，它最开始用歪了新获得的认知结构。每个发展时期都会发现自我中心主义以一种独特的形式表现出来。

在感觉运动阶段（0—2 岁），儿童是以自我为中心的，因为他不能区分其他物体和作为物体的自己，或者不能把物体和他的感觉印象区分开。他是自己世界的中心。随着这一时期的发展，这种自我中心主义逐渐消失。当儿童能够在内在世界表达物体和事件时，这种形式的自我中心主义就会减弱。前运算阶段（2—7 岁）的自我中心主义表现在儿童无法区分自己和他人的想法。他们认为自己的想法总是正确的。随着与他人（尤其是同龄人）社会交往的增加，这种形式的自我中心主义会消退。埃尔金德认为，前运算阶段的儿童也是以自我为中心的，因为他们无法区分符号（词语）和它们的所指。这个阶段的儿童被认为对他人进行了不完整的语言描述，认为文字所承载的信息比它们真正所有的多（Elkind 1967）。

在具体运算阶段（7—11 岁），儿童开始能够将逻辑运算应用于具体问题。自我中心主义的表现形式是无法区分感知事件和心理建构。孩子不能独立于她的感知进行"思考"。她不知道什么是思想，什么是知觉。要在感知上接受不真实的假设（"煤是白色的"）的假说无法被奉行。随着形式运算的实现和对自己思想的反思能力的提高，这种形式的自我中心主义会逐渐减少。

正如每一个新的认知功能层面最初都有一种自我中心主义的特点，形式运算和青春期也是如此。从某种意义上说，青少年被他或她新发现的逻辑思维能力所占有。在青春期的思维中，对青春期的人来说，推理判断的标准变成了符合逻辑的东西，似乎在青春期的人眼中符合逻辑的东西**总是**正确的，不符合逻辑的东西**总是**错误的。青春期的自我中心主义是无法区分青春期的世界和"真实 "的世界。青春期的人有恃无恐，相信逻辑思维的万能性。因为青少年可以对未来和假设的人和事进行逻辑思考,他觉得世界应该服从于逻辑图式而不是现实系统。他不明白,世界并不总是像他认为的那样具有逻辑或理性的秩序。

> 当认知领域再次被形式思维的构建所扩大时,一种……形式的自我中心主义就出现了。这种自我中心主义是青少年时期最持久的特征之一……青少年不仅试图使他的自我适应社会环境,而且同样要强调的是,他也试图使环境适应他的自我。其结果是相对地不能区分他的观点……和他希望改造的群体的观点……但我们认为,在青少年身上发现的自我中心主义,不仅仅是一种简单的想出格的欲望;相反,它是缺乏区分现象的一种表现……青少年经历了一个阶段,他把无限的力量赋予自己的思想,因此,通过思想改造世界的光辉未来的梦想……似乎不仅是幻想,也是一种有效的行动,它本身就改变着经验世界。(Infielder and Piaget 1958, pp. 343-46)

在某种程度上,青少年的思维与成年人的思维之间的差异体现了认知发展的正常过程的功能。

> 我们已经看到,青春期的主要智力特征直接或间接源于形式结构的发展。因此,后者是在这一时期所发现的思维中最重要的事件。(Infielder and Piaget 1958, p. 347)
>
> 青少年……由于其萌芽的个性,认为自己与长辈平等,但又与他们不同……他想通过改变世界来超越和恫吓他们。这就是为什么青少年的系统或生活计划同时充满了慷慨的情感和利他主义或神秘的狂热计划,以及令人不安的自大和自觉的自我中心主义。(Piaget 1967, p. 66)

青少年经常卷入理想主义的危机之中。他们有形式推理逻辑能力,但他们不能区分新的能力和对现实问题的应用。似乎青少年注定要永远成为理想主义的社会批评家。但正如其他时期的自我中心主义逐渐减弱一样,青春期的自我中心主义也会随着持续发展而减弱。当青少年学会在生活的现实中有效地使用逻辑,并认识到所有人类和世俗的事件都不能严格按照逻辑的标准来判断时,自我中心主义就会消退。

去中心化过程的焦点是进入职业世界或开始严肃的职业培训。当青少年从事一项真正的工作时,他就成为一个成年人。这时,他才从一个理想主义的改革者转变为一个有成就者。换句话说,工作将思维从形式主义的危险中引向现实。(Infielder and Piaget 1958, p. 346)

因此,在皮亚杰看来,当(并且如果)青少年试图成为工作和成就世界的一部分,并"改革"这个世界时,他们不得不进一步调整自己的推理和智力,以适应这个世界的现状,而不是他们认为的那样。青少年试图成为工作和成就世界的一部分,并"改革"这个世界,他们就不得不进一步调整自己的推理和智力以适应这个世界的现状,而不是想当然。

理想主义

已经发展出形式运算的青少年的推理似乎总是理想主义的。这种理想主义可以被看作是"虚假的"或不完整的理想主义。看起来是理想主义的东西,实际上是基于以自我为中心的形式思维的推理。当一个普通的具有形式运算的青少年在推理的基础上做出判断时,他或她的结论似乎是理想主义的,因为它们是"符合逻辑"的。但青少年的逻辑和推理往往没有,而且最初也不能考虑到与逻辑无关的人类行为的现实。

社会明确了《圣经》中"不可杀人"的规定,然而,从历史上看,社会却存在合法的战争、对某些罪行的死刑以及其他杀戮行为。从青少年以自我为中心的逻辑观点来看,这些行为是不合逻辑的,因此是错误的。青少年没有(不能)考虑到人类和社会行为的许多真正原因。同样地,父母指示他们的孩子不要吸烟或喝酒,但父母自己却可能从事这些活动。对青少年来说,这似乎不符合逻辑。青少年可能会从逻辑上争辩说,如果我的父母(和同龄人)可以吸烟和喝酒,我也可以。

青少年必须学会在现实世界中承担成人(现实的)角色。这不仅涉及认知方面的发展,而且还涉及并行的情感发展和对成人生活的适应。人类行为的困境不仅仅是一个逻辑问题,青少年在**认真**接触现实并适应"真实"世界之前,通常不会理解这种观点。当青少年遇到真实的世界,而不仅仅是自己所认为应该或可能的世界时,就会做出调整,使之从逻辑—自我中心的角度转向逻辑—现实的角度。随着自我中心主义适应现实,非自我中心的理想主义形式的能力出现了,这种理想主义能够认识问题的逻辑性和非逻辑性的复杂性。

美国社会已经大大延长了青少年和年轻成年人在虚假的理想主义时期的时间长度。许多人在大学毕业后甚至更晚才开始“真正的工作”。对他们来说，逻辑推理对现实的适应可能被推迟。①

改革者

青少年自我中心主义的一个表现是，青少年渴望改革社会。在他们关于社会的讨论中，青少年往往是对社会及其机构的严厉批评者。这种行为往往被成年人视为反社会、叛逆、不思进取、忘恩负义，以及普遍的错误和不恰当。皮亚杰认为，情况并非总是如此。在皮亚杰看来，青少年改革社会的愿望是正常的，在很大程度上可以归因于他或她推理事物可能的方式（假设和逻辑）的智力能力和青少年的自我中心主义。

> 青春期的孩子经常显得不合群并且实际上的确不合群。然而，没有什么比这更真实了，因为他一直在思考社会问题。他感兴趣的社会就是他想改革的社会；他对他所谴责的现实社会只有蔑视或不感兴趣。此外，青少年的社会性是通过年轻人与其他青少年的互动发展起来的……青少年的社会交往……主要以讨论为目的。无论是在两人一组还是在小团体中，世界都是在共同的基础上重建的。无论是在两人一组还是在小团体中，世界都是共同重建的，青少年在无休止的讨论中迷失自我，以此作为对抗现实世界的手段。（Piaget 1967, p. 68）
>
> 那么，我们看到，青少年是如何将自己注入成人社会的。他通过项目、生活计划、理论体系和政治或社会改革的理想来做到这一点。简而言之，他是通过思考来实现的，而且几乎可以说是通过想象来实现的——这种假设性的演绎思考有时会偏离现实。（Piaget 1967, p. 67）

皮亚杰认为，从某种程度上说，青少年的思维和推理必然从梦想更好（更符合逻辑）的世界出发的。这种思想的一部分外延到青少年的行为中，我们经常看到青少年

---

①皮亚杰写道：“在青壮年像孩子一样顺从长辈的地方，婴儿的心态会持续更久，青春期的过程会非常模糊”（Piaget 1963b, p. 20）。他指出，在萨摩亚等文化中，玛格丽特·米德发现几乎不存在真正的青春期。在皮亚杰的表述中，当智力和情感的自主性得到鼓励时，即相互尊重的关系占主导地位时，青春期（及之前）的发展是最好的。青春期的单方面尊重关系会推迟对现实世界的适应和融入社会的时间。这具有教育和潜在的临床意义。

扮演着改革者的角色。皮亚杰明确指出，这种推理虽然是以自我为中心的，却是青少年智力发展和完善的一个自然和正常阶段。理想主义的改革者阶段可以被看作是最终在更高层次上达到平衡的必要条件。

那么，是什么使青少年超越了改革者阶段？是什么为进一步发展提供了必要的不均衡？

> 当青少年改革者试图把他的想法付诸实施时，真正的社会适应就自动产生了。正如经验使形式的思想与现实的事物相协调一样，在具体和明确的情况下进行的有效和持久的工作也能治愈一切梦想。(Piaget 1967, p.69)

因此，当青少年试图在现实世界中实施他们的理论、梦想和假设时，世界提供了不平衡，并激起了对假设的调整。努力成为社会的有效成员是激活人格发展的一部分动机。

青春期的心理和情感发展对随后的成人思想发展至关重要，但它们并不能确保就是现实的成人思想。青少年时期形式思维的实施最初是以自我为中心的。青春期的人一开始并不区分许多可能的观点。青少年的思维最初是理想主义—逻辑性的，而且往往表现为对社会的批评和对理想世界的阐述。当青少年在这个世界上扮演一个成年人的角色，并能区分许多可能的观点时，就会达到对冲突问题的客观思考，自我中心主义就会减弱(Inhelder and Piaget 1958, p.345)。

总　结

形式运算阶段通常在 12 岁左右开始，会在 16 岁或更晚的时候完成(或者根本不会完成)，它建立在具体运算的基础上，包含并扩展了具体运算的发展。而具体运算思维是逻辑思维，它只限于具体世界。直到形式运算的发展，推理才变得不限于内容或不限于具体。形式推理可以处理**可能的**和**现实的**事物。

具体运算思维是可逆的思维。反转和互换是独立使用的，而这两种可逆性在形式思维中变得协调。

在构建形式运算的过程中出现了几个结构。假设—演绎推理是对假设和现实进行推理的能力，以及从假设的前提推导出结论的能力。**科学—归纳**思维是从具体到一般的推理；它是科学家的典型思维。拥有形式推理的人可以探索具体或假设问题中所有可能的关系。**反思性抽象**是指从通过反思或思考获得的现有知识中抽象出新知识。反思性抽象总是超越可观察的范围，是逻辑—数学认识的主要机制。

在形式运算过程中，有两个主要的认知内容发展：假设或组合运算和形式运算方案。假设推理在能力上类似于假设或符号逻辑。它是抽象的和系统的。形式运算方案，如比例和概率，与科学推理更相似。它们不如假设推理那么抽象。

在形式运算充分发展的情况下，青少年的认知能力在质量上与成年人相当。青少年的逻辑推理能力与具有形式运算能力的成年人一样，尽管成年人由于经验更丰富，可能比青少年能推理更多的事情。并非所有的青少年和成年人都能充分发展形式运算，但根据皮亚杰的观点，所有正常人都有潜力这样做（Gallagher and Reid 1981）。

情感的发展并不独立于认知的发展。当认知的发展随着形式运算的完全实现而达到新高度时，情感的发展也是如此。形式运算阶段的主要情感建构建立在具体运算阶段的情感建构之上。在具体运算阶段，规范性情感、自主性和意志的发展导致了理想主义情感的建构和形式运算阶段人格的进一步发展。人格的形成根源于儿童对自主构建的规则和价值的组织。人格反映了个人为适应成年后的社会世界以及改变它而做出的努力。在某种程度上，它是自我对纪律的服从。

道德推理也同样随着形式运算的实现而达到全面发展。规则被理解为合作的必要条件。撒谎被认为是错误的，因为它破坏了信任。正义开始被理解为与意图有关。对社会违法行为的适当惩罚被认为是基于公平的惩罚。

皮亚杰认为，青少年时期正常和必要的认知和情感发展有助于理解青少年行为的许多方面，这些方面过去常常被归因于青春期和性觉醒。青春期自我中心主义的特点是将符合逻辑的标准应用于人类和社会行为。但世界并不总是符合逻辑的，其公民也不总是符合逻辑；青少年对这样的现实理解不够。青少年必然是一个理想主义者，在思想和谈话中探索改革社会的方法。在皮亚杰看来，这些发展不是由青春期带来的，而是由获得形式运算过程中发生的正常和必要的智力和情感发展带来的。

只有当青少年努力进入成人世界并从事“真正的”工作时，才能达到最终的平衡。这种努力必然会产生不平衡，因为有逻辑的青少年面对的是其他人的观点，他们的推理已经适应了这个世界，而这个世界并不总是像青少年认为的那样简单有序。

第七章　皮亚杰理论更深入的内容

前面几章已经介绍了皮亚杰的认知和情感发展理论。概述了人从出生到成年的智力认知和情感结构的发展。早期感觉运动发展与后期智力发展之间的关系已经确立。皮亚杰的理论清楚地表明,认知和情感的发展道路对所有人都是一样的。认知和情感发展的描述性概括已经出现,并在表 7.1 中进行了总结。

表 7.1　认知和情感发展的总结

阶段	状态特征	本阶段主要变化
感觉运动期 (0—2 岁)		从反射活动发展到以表达和感觉运动解决问题的过程。出现了原始的喜欢和厌恶。对自我的情感投入
阶段 1 (0—1 个月)	仅条件反射活动;无区别	
阶段 2 (1—4 个月)	手口协作;通过吮吸反射来进行	
分阶段 3 (4—8 个月)	手眼协作;重复不常见事件	
阶段 4 (8—12 个月)	两种图式的协调;知道物体永久性	
阶段 5 (12—18 个月)	通过实验的新手段——遵循顺序的位移	
阶段 6 (18—24 个月)	内在表达;通过心理组合的新手段	
前运算阶段 (2—7 岁)	通过表达解决问题——语言发展(2—4 岁)。 思想和语言都自我中心主义。 无法解决守恒问题	发展从感觉运动表征到前逻辑思维和问题的解决。真正的社会行为开始。道德推理中不存在意向性
具体运算阶段 (7—11 岁)	达到了可逆转性。能解决守恒问题——逻辑运算得到发展并应用于具体问题。不能解决复杂的言语问题和假设性问题	发展从前逻辑思维到具体问题的逻辑解决方案。意志的发展和自主性开始出现。意向性被构建
形式运算阶段 (11—15 岁)	有逻辑地解决所有类型的问题——科学地思考。能解决复杂的言语问题和假设性问题。认知结构成熟	从具体问题的逻辑解决发展到所有类别问题的逻辑解决。出现理想主义的情感和人格的形成。开始适应成人世界

智力发展概要

在感觉运动发展期间(0—2 岁),婴儿的反射性行为逐渐演变为明显的智能行为。通过心智发育和与环境的积极互动(同化和顺应),感觉运动行为通过建构变得越来越有区别,并逐渐演变成最初的有意行为。婴儿发展出靠方法解决问题的行为。到 2 岁时,一个普通的儿童创造了表达的概念,并开始能够在精神上表达物体和事件,并通过表达(思考)得出感官运动问题的解决方案。2 岁儿童的图式在质量和数量上都优于年幼的儿童。到 2 岁时,情感的发展可以从儿童的好恶中看出。在这些早期阶段,情感在很大程度上是投注于自我的。

在前运算发展期(2—7 岁),智力行为从感觉运动水平转向表达水平。包括口语在内的表达技能迅速发展,它伴随着这一时期概念的迅速发展,但不是后者的原因。口语不是推理发展的必要条件,但有助于推理的发展。前期儿童的思维是以自我为中心的,因为儿童无法可靠地假设他人的观点。孩子认为他们所想的一切都是正确的。在守恒问题中,他们没有意识到状态的转变,倾向聚焦于问题的有限感知方面。直到 7 岁左右,思维通常是前逻辑的或半逻辑的。感知和推理之间的冲突通常以偏向感知的方式解决。内在表达和语言的发展促进了真正社会行为的发展,并引发社会学习。道德情感和道德推理开始出现。儿童开始建构有关规则和正义的知识,尽管他们通常还没有完全形成意向性的概念。

具体运算阶段儿童(7—11 岁)发展了逻辑思维的运用,并超越了年幼儿童的前逻辑推理。儿童可以解决守恒问题和大多数具体问题。反转和互换在推理中开始独立使用。在这些年里,一般的逻辑运算的排序和分类也得到发展。孩子可以进行逻辑思考,但不能将逻辑应用于假设和抽象的问题。在具体运算层面上成为可能的主要情感发展是感情的保存、意志的发展以及自主思想和感情的开始。这些发展对于提高情感思维的调节和稳定性很有帮助。此外,主要是由于同龄人的社会互动,儿童开始能够“去中心化”并接受他人的观点。意图性概念的构建出现了,这使儿童在做出道德判断时开始考虑他人的动机。这些因素改变了儿童的社交互动,并反过来被其改变。合作和相互尊重关系的模式出现了。

随着形式运算的发展(11—15 岁以上),认知结构(图式)在质量上变得成熟。儿童(或青少年)在推理中应用逻辑运算的能力越来越强,包括那些假想的和抽象的问题。拥有形式运算能力的儿童可以独立于论证的内容来运算逻辑。逻辑成为儿童可

以牢固使用的思维工具。在青春期，形式化思维最初以其自身形式的自我中心主义为特征。青春期的孩子试图将所有的推理简化为逻辑的东西。同时，他很难将他新出现的**理想**与**现实**的东西协调起来。当青少年开始使自我适应成人世界的时候，人格的形成仍在继续。

在认知发展的每一个新水平上，以前的水平都被纳入和整合。前期儿童不会抛弃早期的感觉运动图式而采用全新的图式。感知运动图式在前运算发展过程中被修改和改进。由不平衡引起的同化和顺应过程，确保了认知和情感结构的持续构建和重建。图式从出生开始，在人的一生中不断地被修改。虽然逻辑推理能力的变化在形式运算发展之后就停止了，但智力的内容和功能的变化仍会继续。也就是说，在获得形式运算能力之后，人们继续发展概念、内容或新知识领域，以及他们的推理可以应用的目的（功能）。即使他们的逻辑推理能力没有提高，成年人通常比有形式运算能力的青少年有更多的推理内容（内容和功能）。因此，成年人的推理可能与青少年的推理有很大不同。

早期感觉运动发展是后来概念发展的基础。皮亚杰认知发展的基本范式是经验的同化和顺应，导致认知和情感结构（图式）的质的结构变化。所有知识都是由个人构建的。

认知和情感发展的特点

在这本书中，皮亚杰的理论被概述为贯穿发展连续体的四个主要水平或阶段。同一水平之中和不同水平之间的每一个重大发展变化都是在通往更高级和更全面的智力的道路上多走一步。每一步都代表着推理能力的质的变化。这些进步都具有某些特征：

1. 每一次进步、每一次新的构造或重建，都以质变的推理能力为特征。连续的发展水平的推理总是优于前一水平的推理。

2. 推理的每一次重建或改进都渗透到儿童的全部推理中，而不是只影响对某一特定事件的推理。例如，孩子建构了一个概念，即当物体的位置改变时，物体的长度不会改变（长度守恒），他可以在所有与物体长度有关的情况下使用这个新的推理。对孩子来说，物体和空间实际上有了一个新的维度。许多结构都受到影响，而不仅仅是一个孤立的结构。

3. 每一个新的进展都会整合和扩展上一层次的知识和推理，成为“新”知识。结构，或图式，被改变（适应），但先前的图式从未被破坏或消除。以前知道的东西仍然存在，只是在知识的质量上有一些改进。每一个新的推理层次都是先前推理的转化，因此并不是完全新的；相反，它是改进的，或者说是对现实更好地适应。

4. 发展的过程是不变的。在具体运算发展起来之前，形式的推理不可能发展。具体运算只有在前运算推理发展之后才会发展。发展总是从差别较小和较不成熟的推理水平发展到差别较大和较成熟的推理水平。

5. 推理的每一次进步都伴随着新推理最初使用时的自我中心主义。前期儿童最初将自己的想法视为必然正确。随着儿童认识到同龄人和与他们交往的其他人的想法与他们自己的想法相冲突，这种自我中心主义的思想逐渐减少。他们对自己想法的确定性产生了怀疑。那些有形式运算能力的人最初是以自我为中心的，因为他们根据逻辑的标准来判断思想的正确性。当（如果）青少年试图使他或她的观点适应成人角色时，这种自我中心主义就会逐渐减少。

6. 智力发展是自我调节的。经验的转化（同化和顺应）导致了新的构建。这个过程不是从外部引导的，而是内驱的。它不是通过直接内化外在而进行的，而是通过对所选经验的同化和顺应所造成的不平衡化。其结果是所构建或重构的知识。控制机制是内在的。在皮亚杰的理论中，当控制机制是自主的，或可以有自己的方式，即对不平衡的来源做出反应（同化）时，就会出现最有效和适应性强的构建。控制机制是情感性的，由无意识的感觉、好恶和倾向决定对哪些经验影响智力发展负责。这个过程是一个自我调节的过程。

7. 智力发展取决于社交互动和社会经验。皮亚杰认为社交互动是发展中的四个主要变量之一。几乎毫无疑问，如果不与他人互动，社会知识就无法构建。人是构建社会知识的唯一可能的材料来源。在所有层面上，智力上的自我中心主义（情感和认知）被质疑，主要是由于面对他人的想法而产生的结果。尽管知识的建构发生在儿童的头脑中，但它往往是在社交情境下，而社交情境对任何发生的建构都是必要的。

社交互动对于推动逻辑—数学知识的发展是必要的。从前运算推理的出现开始，与他人的争论和智力对抗是认知冲突和不平衡的来源。在情感领域，情感和认知自主性的持续发展和健康的自我调节取决于与他人合作的建立，包括感情的互惠和相互尊重关系。合作的社会关系开始于前运算发展期间与同伴的互动。同龄人的社交互动

为以后发展中与成人的潜在相互尊重关系铺平了道路。因此，最终意志(一个人自己的一套价值观)和人格(区别于自我)的发展，所有被认为是健康的社会适应所必需的，都取决于智力发展各个阶段的社交互动。①

智力和适应

在皮亚杰看来，相较于生物对环境的适应，认知和情感的发展是智力对环境的适应。当我们在生物学上适应环境时，我们在智力上也会适应。通过同化和顺应，一个人所经历的外部世界被组织起来并被赋予结构。图式是组织和构建的产物。这种组织是内在的，可能与我们所说的现实有明显的相似之处，也可能没有。当这个过程是自主的或自我指导的时候，它是自我调节且真正发挥作用的。

通过感觉运动反射的应用，适应从出生时就开始了。通过反射(吸吮、抓握)的差异化是一些最初的适应。随着儿童的发展，他或她所做的适应不再仅仅与感觉和运动行为相关，而是越来越与表达相关。

适应是一个动机性的概念。当个人有内部需求或价值时，适应就会发生。需要和价值是影响。适应需要的主要心理表现是在**不平衡**中发现的。适应，包括智力适应，既不是自动的，也不是不可避免的。为了使发展得以进行，必须发生不平衡。可以这么说，认知之门必须打开。适应的概念对教育实践有重大影响，我们将进一步讨论。

智力发展的变量

皮亚杰概述的智力发展的关键变量是**成熟、经验、社交互动和平衡**。皮亚杰认为，智力既不完全是遗传的(成熟)，也不完全是学习的(经验)，他认为这四个变量中的每一个都是智力发展的必要条件，但任何单个都不足以确保其发生。皮亚杰认为，所有

①人们对皮亚杰理论的批评是，该理论完全是个人主义的，没有认识到社会活动和社会背景的作用，而知识的建构就是在这种情况下发生的，皮亚杰的著作经常与维果茨基的著作进行对比。(皮亚杰和维果茨基的理论比较见导言。)显然，对皮亚杰理论的批评是对其作品的误读或不完整解读。社会的作用是他理论的核心。如前所述，皮亚杰出于兴趣，在他的重新探索中最关注发展的认知方面，给许多人留下的印象是社会和情感对智力发展的贡献并不重要，但这并不是皮亚杰本人所说的。

四个变量的相互作用决定了发展的进程。

如果没有不平衡的内部过程，儿童的经验是否会导致同化和顺应，是无法保证的。俗话说“你可以把马牵到水边，但你不能迫使它喝水”，这句话在这里很合适。

学校教育（一种经验和频繁的社交互动的形式）是否会影响结构发展是一个重要问题。很少有人会不同意学校教育会影响认知内容和功能。儿童在学校获得了在其他情况下可能不会遇到的信息（内容），即社会知识之外的内容（如学习历史、科学和英语语法）。此外，儿童一般会发展应用知识的技能（功能），如算术的计算技能。这些技能可以在有理解力或**没有**理解力的情况下获得，这取决于在“学习”教学内容时是否有理解力所需的相关结构。关于结构，大多数研究得出的结论是，儿童在6岁或7岁就能获得具体运算能力，与正规学校教育无关。一些研究报告说，学校教育与形式运算的发展的关系比与早期发展水平的关系要大得多。因此，传统意义上的学校教育，在帮助儿童获得他们可以应用推理和知识（结构）的内容和功能方面，可能比在帮助结构和逻辑—数学知识发展方面发挥更重要的作用。另外，在发展认知结构方面，学校教育和一般经验的重要性在后期可能比早期更重要。这些问题将在下一章进行更充分的讨论。

知识与现实：一种建构

儿童对世界（和现实）尚在发展中的建构或知识不是对“客观”世界的复制。① 在我们的发展过程中，我们每个人都在构建知识，这些知识越来越接近我们所说的现实。

物理、逻辑—数学和社会知识不是直接获得的，而是由个人构建的。

> 我们对智力心理学研究得最清楚的结果是，即使是对成人的思维最必要的结构，如逻辑—数学结构，在儿童中也不是天生的；它们是一点一点建立起来的……没有天生的结构：每一个结构都是以构建为前提。所有这些构建都源于先前的结构。（Piaget 1967，pp. 149-50）

①在皮亚杰的理论中，不存在这样的客观现实。当然，有一个真实的世界可供认识，但每个人对这个世界的认识总是在构建之中，从未完全构建。因此，所谓的客观现实从未被完全了解。我们知道并生活在我们自己建构的现实中，我们在不断地修正这个现实。

有些人可能会质疑知识是不是一种构建,因为他们观察到大多数同龄的孩子似乎都有类似的概念。虽然很多人确实有类似的概念,但这并不意味着建构的概念不可行。我们生活的世界是一个包含各种物体的物理和社会世界。对于大多数儿童来说,无论他们生活在哪里,必要的物理成分都是存在的,以使他们能够构建类似的**物理**知识和相同的逻辑—数学知识。例如,大多数儿童都会遇到树木和其他植物。他们对树木有积极的体验,所以关于树木的物理知识被构建出来。由于树木之间存在某些物理上的相似性和差异性,儿童会“发现”并构建类似的树木图式。因此,我们有理由期待生活在相同或相似环境中的儿童能够构建相似的物理知识。在不同的环境中长大的儿童,如果不存在构建类似概念的原材料,就不能期望他们发展类似的结构。例如,在北极地区长大的因纽特儿童,可能从未见过树木生长。如果他们唯一的木材来源是被冲上北方海岸的漂流木,对漂流木的经验可能成为构建树木概念的材料。因此,因纽特儿童或成年人可能对木头和树有无根、无叶等概念。实际上,任何环境都含有潜在的经验和材料,允许构建逻辑—数学结构,如数字、长度和体积。数字要求儿童在物体的集合上采取行动。这些物体可以是跳棋、石头、棍子,任何东西。特定的材料并不重要;重要的是要有可供探索的集合。

人们之间构建的知识的最大差异性可能是在他们的社会知识中发现的。文化差异和地方亚文化差异可能很大。儿童从他们生活和经历的社会文化社区中构建社会知识。中国人学习中文(作为他们的第一语言),而美国人则学习英语。中国人从中国的角度学习中国的历史,美国人从美国的角度学习中国历史(和美国历史)。这些视角和它们所产生的建构是非常不同的,必然导致美国人和中国人建构不同的社会知识。另一方面,正如我们所看到的,不同文化在其所建构的逻辑—数学知识方面,差异相比之下是很小的。

认知结构和知识的发展是发生在每个人身上的进化过程。构建发生在儿童的头脑中,表现为个人的图式,当不平衡发生时,图式会被修正。同化的过程确保图式不是现实的副本;顺应的过程确保构建与现实世界有一定程度的对应关系(Elkind 1969)。

情感和认知

皮亚杰认为智力发展是一个终生的过程,这一过程被构想出具有认知、社会和情感方面。在过去的30年里,心理学家和教育家对皮亚杰理论中认知概念的作用的关注超过了对情感概念的关注。① 至少可以提出四个合理的理由来解释为什么会出现这种情况。首先,皮亚杰的研究和著作主要是关于智力发展和认知结构的认知方面。皮亚杰从他最早的著作中就认识到情感性的重要性(Piaget 1981b; Brown and Weiss 1987)。很明显,皮亚杰从未想要将这种差异作为一种价值来阐述。很可能对他而言,认知在发展中个人造成的不平衡最多,因此得到了最多的关注。

皮亚杰对认知的研究多于对情感的研究,第二个可能的原因是,皮亚杰认为对情感的科学研究比对认知结构的研究更难。皮亚杰可能试图首先解决他认为比较容易处理的问题,因此把过多的精力放在认知结构的问题上。

造成这种状况的第三个原因是,当心理学家和教育家试图理解皮亚杰的工作时,他们对皮亚杰理论的建构是从吸收现有的东西开始的,主要就是皮亚杰关于认知发展的文章。我们中的许多人花了一些时间迫使我们的建构与理论的"现实"保持一致。②

撇开这些考虑不谈,仔细阅读皮亚杰的著作就会发现,只包括认知发展而不充分考虑情感方面的智力发展观点是不完整的。③

最后,心理学中的情感性(情感、兴趣、价值观等)常常与主观性和智力的"糊涂"联系在一起。许多人认为,感情在真正的科学中没有地位;因此,情感性是值得怀疑的。皮亚杰则一开始就把情感性置于智力发展的中心。

当我们问"这个孩子知道什么?",我们是在问这个孩子现在有什么知识;我们是在问这个孩子的图式是什么样子;我们是在问这个孩子能够进行什么类型的推理。每一个问题都是关于孩子的认知状况。

当我们问"这个孩子是如何知道她所知道的?"或"儿童(人)是如何获得知识的?",我们问的是智力发展的过程及其认知和情感方面的问题。

在皮亚杰的理论中,知识是在儿童吸收和顺应经验时发展起来的。在幼儿中,知识的形成几乎只发生在他们对物体进行运算的时候。是什么启动了同化和顺应的过程? 显然,不是所有的行动都会导致同化和顺应。关键是不平衡。

当一个经验或想法与儿童当时的图式预测不一致时,就会发生不平衡。因此,这个经验或想法得到关注。正是这种"关注",一种选择行为,决定了哪些事件会引起不平衡并导致同化的努力。这些重要的决定是由情感系统做出的。情感,包括感情、兴

①皮亚杰会认为,对智力的认知方面的关注多于对情感方面的关注是一种情感的决定。
②个人沟通,威廉·格雷,托莱多大学。
③具体参见皮亚杰,1981b。

趣、驱动力、倾向(如“意志”)和价值观,“构成了行为模式的能量学,其认知方面仅指结构。没有任何行为模式,无论其智力如何,不涉及作为动机的情感模式”(Piaget and Inhelder 1969, p. 158)。在皮亚杰的智力发展概念中,情感和认知都起着关键的作用。① 如果皮亚杰是正确的,情感决定了思想的生死,这是种比喻的说法,即什么经验被选择用于构建(Brown and Weiss 1987)。皮亚杰理论的许多解释者在很大程度上忽略了情感性的守门人作用。我们鼓励那些对皮亚杰理论在教育或临床实践上的影响感兴趣的人,关注皮亚杰的情感和认知概念,智力发展是二者的统一体。

①皮亚杰作品的译者特朗斯·布朗曾写过关于情感性在皮亚杰理论中的作用(Brown and Weiss 1997)。在对这一问题的分析中,布朗认为,皮亚杰接近于认知和情感的完全综合,但从未完全实现。布朗(1990)描述了一个功能模型,可用于将情感性在智力发展中的选择或决策作用概念化,并肯定了皮亚杰的观点的可行性。

第八章　皮亚杰的理论对教育的影响：建构主义的原则

> 一个通过自由调查和自发努力获得某种知识的学生，以后将能够保留这种知识；他将获得一种可以为他的一生服务的方法论。
>
> ——皮亚杰《理解即发明》

皮亚杰的智力发展理论不应该被看作是刻在石头上一成不变的。所有的心理学理论都是有机的、有生命力的，因此也在不断变化。像其他理论一样，皮亚杰的理论仍在构建之中。在这一点上，它是对智力发展的方式和原因的一个连贯的描述。尽管该理论不是一种教育理论，但它确实提供了一个框架，以此能分析教育实践以及与发展原则的一致程度。

皮亚杰的建构主义理论清楚地表明，发展是有普遍性的。智力发展有一个过程，在发展序列中有可靠的里程碑和终结点。作为适应周围世界的一部分，儿童通常会建构认知、情感和社会知识，并且似乎以一种看似自然的方式达到发展的里程碑。埃德尔斯坦(1992)称这种“自然学习”是与发展完全一致的学习，也是发展的一部分。当然，知识的发展或构建不是自动的。一半的成年人从未完全发展出形式运算的推理。虽然发展的过程对所有人来说都是一样的，但发展的速度却各不相同，有些人的发展速度比皮亚杰学者建议的平均年龄要慢或快。

尽管所有人都会同意，优化儿童的认知、情感和社会/道德发展是一个值得追求的目标，但发展不能成为教育的唯一目标。每个孩子都被其文化所要求，不仅要适应生活的发展要求，还要适应文化的期望。埃德尔斯坦(1992)写道：

> 一个常见的误解是，在认知—发展形成的教育目标中，每个阶段明确的推理能力的形式共性将取代更传统的形式(技能)或实体(内容)的教学目标……它们……对通识教育而言，课程范畴太窄。毕竟，教育并不关注，或者至少不只是关注

人类发展中自然产生的东西；应该说，它关注的是规范文化中个人发展所应有和需要的内容和技能。（pp. 161-62）

因此，教育不能只是关乎发展，还必须是对文化的适应。① 教育必然是关于学习技能和内容，且关于发展的。目前，在大多数学校里，教育几乎只涉及技能学习和内容学习，"学校的学习是以这样一种方式组织的，自然的学习过程往往被挫败、阻碍或颠覆"（Edelstein 1992, p. 168）。如此被否认的发展，往往导致学生和教师的知识构建之门紧闭、情绪不好、无聊、无心工作。应该是这样吗？需要这样吗？建构主义者这么认为。

皮亚杰/建构主义的观点是，教育实践和发展不需要也不应该有矛盾。建构主义认为，如果存在兼容性，技能和内容的学习以及儿童的自然发展就会得到加强。建构是更真实的。只有当学校和这些学校的教师确保发展与学校学习的内容和技能目标之间的兼容性时，这种兼容性才有可能。这并不是偶然发生的。皮亚杰的建构主义理论就是对如何实现这一目标的设想。关于指导皮亚杰/建构主义在有效和负责任的教育实践方面的原则以及这些原则的理由，以下是作者的看法。

我们大多数有兴趣向教育工作者解释皮亚杰作品的人都认为，"食谱"的方法是不恰当的，这种方法试图告诉教师应该**做什么**。皮亚杰的理论不能被简化为一套操作程序。皮亚杰的理论是一个反映的角度，可以用来帮助教师了解儿童，评估他们在学校学习或不学习的原因。了解（建构）皮亚杰的工作的教育工作者会找到他们自己自主选择的方法，将这些原则融入他们与儿童的交往中。有些方法可行，有些则不可行，并引起不平衡和进一步的积极思考。教师的智力自主性与学生的自主性同样重要。考虑到这一点，这里建议的原则和意义更多的是一般性的，而不是具体的。

知识是如何获得的：探索

美国的教育实践通常基于这样一个前提：知识是可以直接从教师或书本传给学生

①适应一种文化并不意味着自动承担该文化的所有价值。它意味着在建构了对文化及其价值观的认识之后，在建构了自己的价值观之后，一个人要"决定"如何将自己的价值观和世界观与自己建构的文化及其价值观结合起来。正如我们所知，这既不是顺利的也不是可预测的旅程。但是，如果一个人把合作作为一种价值观，他就会倾向于按照这种价值观行事，在社会关系中寻求合作。这种倾向必然会增加相互尊重的关系，并使人与他人的理解趋于一致。

的。这种假设是，“意义”或理解力可以通过口头或书面文字来实现，语言足以将文字和意义从一个来源（教师、书本）传递给急切等待的学生。当知识或“意义”没有获得时，人们往往认为学生有问题（如缺乏动机或合作）或交流过程中的某些组成部分（如听力或视力）有问题。

儿童从他们对环境的探索性行动中构建知识。行动可以是物理性的（如对物体的操控），也可以是精神性的（如对某物的好奇）。行动通常有两个阶段。第一阶段涉及对一个物体或一个想法的探索。如果对物体或想法的探索引发了不平衡，那么探索就会继续，而探索重点是使产生不平衡的东西有意义（同化）。这就是知识的构建。

物理知识是通过对物体的行动来构建的。例如，关于橡树的相对准确（有效）的概念最终是通过儿童对橡树和一般树木的行动构建的。橡树的概念以及它们与其他类型树木的区别需要同化和顺应相关的经验。橡树的表征，无论是图片还是文字，都不能单独为构建准确的概念或图式提供必要的原材料。①

逻辑—数学知识是从对物体的探索性行动中构建的，而其中最重要的组成部分是儿童的行动而不是特定的物体。数字、长度和面积的概念不能只通过听闻或阅读来构建。

社会知识的构建取决于儿童对他人的探索性行动以及与他人的互动。同样，社会知识不能只通过语言或其他符号直接传递；它必须从积极的探索中构建。

埃德尔斯坦（1992）说得对：“教学的首要原则是探索原则（经常被错误地夸大为发现），导致建构过程的各种形式或实施。”（p. 169）

对于教育工作者来说，其基本含义是明确的。如果教育的目标是加强儿童对知识的掌握，那么教育方法必须以积极探索为基础。

---

①儿童可以在思维中对文字或图片采取行动，但完全从物体的表征中得出的概念必然与从对物体本身的行动中得出的概念不一样或不如其完整。这是否意味着文字或语言在构建物理（和逻辑—数学的）知识方面没有作用？不，语言确实有作用。如果儿童只有文字来面对要构建的概念（如原子、俄罗斯、氧气），他们可以对这些文字“采取行动”，而语言将尽可能地被同化。只要儿童“作用于”的词对他们来说是有意义的，他们所构建的东西就会有越来越多的相对准确性。这里的一个重要认识是，书面或口头的词语（表述）并不具有或承载意义。意义有（或没有），都和儿童的头脑（图式）有关。一个词的意义是我们赋予它的建构概念。

动机:不平衡性

传统的(经验主义)观点和建构主义观点之间的差异最大的地方莫过于他们对动机各自的概念。对于经验主义者来说,动机的主要机制是强化。激励被认为是儿童的外部因素。建构主义者,尽管不排除以适当的方式使用强化,但承认知识建构的动机在很大程度上是一种内部事务,对外部环境有反应,但不是由它来主导。在皮亚杰和相关的建构主义理论中,当儿童遇到并注意到与他们的预测相冲突的经验时,他们就有动力去重组他们的知识。皮亚杰称这种情况为不平衡,其结果为不平衡性。有些人称其为认知冲突。情感在决定什么会被关注方面起着核心作用。情感是守门人,决定了认识是打开还是关闭。打开表示注意和不平衡;关闭则排除了注意和不平衡。在对帮助儿童获得知识方面感兴趣的教育者而言,他们最好采用鼓励不平衡的方法,允许儿童以他们自己的自主方式,通过积极的方法(同化和顺应)重建平衡。

有效地构建知识,就像当一个热心的侦探。一个人对探索的问题感兴趣,为了寻找答案,你跟着你的鼻子,跟着你的感觉走,不管它通向哪里,都要积极地追寻这个谜团。搜索路径既没有计划也没有时间限制。你一直在寻找,一直追寻,测试自己的假设和直觉,直到你觉得你已经尽力了。这是积极的侦探工作,由与兴趣相关的热情驱动。兴趣是努力的动力。认知之门已经打开。

孩子们带着他们的好奇心和想要追寻的问题来到学校,并想弄清楚这些东西的意义。这种性情通常被称为好奇心。好奇心是兴趣和不平衡的一种形式。建构主义教师的一部分工作是认识到是什么为儿童提供了不平衡或好奇心,以及如何以有效的方式使用它。工作的另一部分是在没有不平衡的地方创造不均衡。教师如何认识和鼓励不均衡?

兴　趣

我们大多数人都认识到,我们的兴趣能够激发高效的学习。当我们追求自己的兴趣时,往往是在学校之外的环境中,我们把巨大的精力和热情投入到我们所做和所学之中。作为教育工作者,我们并没有认真研究儿童的兴趣在学校教育中的潜力,以促进我们希望儿童努力实现的发展目标、技能和内容目标。杜威对兴趣的教育价值发表了强烈的、令人信服的看法(1913)。皮亚杰同样强烈主张利用儿童的兴趣来改善学习(1970b, 1981a)。他写道(1970b):

> 传统的学校把……学习指派到学生身上：是让他学习。毫无疑问，孩子们可以自由地在学习中投入或多或少的兴趣和个人努力，因此，只要老师是个好老师，他的学生和他自己之间发生的合作将为真正的活动留下一个可观的余地。但在这个系统的逻辑中，学生的智力和道德活动仍然是**他律**的（非自主的），因为它与教师的持续约束密不可分，尽管这种约束可能不被学生察觉，或者被他自己的自由意志所接受。相反，新学校[建构主义学校]呼吁开展真正的活动，呼吁基于**个人需要**和**兴趣**的自发工作。这并不意味着……积极的教育要求孩子们做任何他们想做的事情，……它首先要求他们应该愿意做什么；他们应该行动，而不是他们应该被行动。需求，以及作为需求的结果的**兴趣**……这是将反应变成真实行为的因素。因此，**兴趣法则**是……整个系统应该围绕的**唯一支点**。（pp. 151-152，我强调的内容）

在早先的书中，我提出应该允许儿童以符合教育的方式探索他们的许多**兴趣**（Wadsworth 1978）。这种兴趣，对儿童个体来说是独一无二的，常常反映出不平衡，是充满感情的动机来源。当儿童对某一事物产生强烈的兴趣时，他们往往是在向作为家长或教师的我们传达，该兴趣领域使他们产生了认知冲突。认可兴趣并对其进行有效利用，这在教育中是有价值的。兴趣可以被看作是儿童个人发展的新兴课程计划的一部分。尽管儿童的兴趣和教师的课程目标很少能结合得严丝合缝，但有创意的自主教师可以找到方法，让学生追求他们的兴趣，同时也完成教师的目标。利用导师的创新项目往往正是这样做的。导师和教师在孩子感兴趣的领域开展一套跨学科的教育活动，以便涵盖基础知识（如算术、阅读和写作）。与传统课程不同的是，孩子的兴趣可以促进他们参与和活动，并导致更真实的学习。

认知冲突

当一个人基于当前推理的期望和预测没有被证实时，就会产生认知冲突。它是不平衡的。**批判性探索**是一种询问学生的方法，教师（或家长）可以用它来帮助引导学生进入有成效的**认知冲突**，并产生**不平衡**。该方法采用了皮亚杰用于评估儿童知识的临床访谈的元素，但又超越了它。

> 这种方法[批判性探索]通过向儿童询问他们将如何处理一个问题以及他们

> 如何得出答案，来适应教育目的。教师在儿童已经解决（或未解决）的问题的基础上，向儿童提出进一步的问题，看看儿童已经形成了什么规则或概括。通常情况下，孩子们会得到第二个问题，特别是在数学方面，如果用解决第一个问题的方法来解决，会导致一个错误的答案。因此，通过设置冲突情况，教师注意到这种干扰是否会引起调整，从而避免未来的错误。（Gallagher and Reid 1981，p. 150）

批判性探索的目的是要确定学生对所讨论的内容有哪些建构（规则和概括）。然后，教师可以提出一些问题，旨在与孩子的构建所依据的推理相冲突。例如，如果一个学生正在试验沉和浮的物体，教师可以问孩子哪些物体会浮，哪些物体会沉，以及为什么。许多孩子认为，木头等物体会漂浮，金属会下沉。人们可能会问这样的孩子："如果我们把针放在水面上会发生什么？"或者"如果我们把金属盒放在水里会发生什么？"相信金属在任何情况下都会下沉的孩子可能会预测针和盒子会下沉。试验一下这些信念，孩子发现它们会浮起来。诸如此类的经验，在教师问题的引导下，有希望产生认知冲突、不平衡以及进一步探索的动力。

社交互动与合作

学校中儿童之间的社交互动和协作对儿童的发展和学习至关重要。社交互动是学习合作的来源，也是认知冲突和不平衡的来源。即使不能提前知道不平衡会以何种方式出现并对个别儿童产生影响，但可以知道的是，当儿童（或成人）在内容和问题上进行合作和互动时，会出现不同的观点。这是个人推理不平衡的肥沃土壤。埃德尔斯坦（1992）写道：

> 认知冲突如果不是经常发生，那也是经常处在互动冲突中，而社交冲突会产生认知冲突，即合作的信号和功能。合作……必须根据发展阶段、主题和手头的问题来实施。有许多合作的形式，如小组教学、项目组织、团队企业、讨论学习、同伴教学、个人档案发展和差异化的小组设计，都可以从建构主义的角度来设计，作为合作过程的表现形式，以产生个人内部的认知冲突和去中心化。（p. 169）

当儿童能够吸收他人与自己相反的观点时，同龄人的观点对认知发展变得尤为重要。这是在6岁或7岁，前运算思维的自我中心主义开始被消除时发生的。因此，从孩

子进入学校开始，同龄人之间的互动在认知上特别重要。儿童通过与他人的想法相比较，学会评价自己的自我中心主义思想。大多数儿童能够开始考虑他人的观点。因此，同龄人之间的互动可以成为刺激认知冲突的一种富有成效的手段，可以激起对自己的概念的评价，作为顺应他人观点的一部分。

社会知识是人类创造的知识形式，主要由儿童从他们的社交互动中构建。社会知识不能独立于其他人而获得（尽管物理和许多逻辑—数学知识可以）。在教育计划旨在教授社会知识的范围内，必须提供合理的社交互动机会。

有一项具有巨大价值的同伴活动常常被教师所忽视，那就是儿童辅导（或教导）其他儿童。加拉格和里德（1981）指出，当学生试图交流他们的观点时，辅导者和被辅导者都能从中受益。辅导者学会了澄清自己的思维，而被辅导者则经常从接触到同伴辅导者的观点中体验到认知冲突。

惊　喜

我在以前的著作中提出的另一个方法是，教师要用惊喜来诱发不平衡的产生（Wadsworth 1978）。教师不能预测什么会令所有的学生产生惊喜，但他们可以将经验结构化，使其具有大多数学生无法预测的结果。未知和不可预测的东西可以产生认知冲突和不平衡。

我上小学的时候，我们五至八年级合并班的老师把我们整个八年级的学生（45个孩子）放在一辆巴士上，我们开车去看几英里外（长岛海湾）海滩上搁浅的鲸。我们中没有人以前见过真正的鲸，我们确实为这种新奇的经历而感到惊讶。

> 我们看着它，听着它，我们走到它身边去触摸它（它不能移动多少）。当它张开巨大的嘴时，我们从它身边跑开，我们向它泼水，我们向它做鬼脸——我们做了各种各样的事情。从那天起，我们都清楚地知道鲸是什么。（Wadsworth 1978, pp. 54-55）

动机是一种与不平衡有关的内部事务。虽然不是外部的，但不平衡可以由外部事件激起，如教师的问题（认知冲突）、令人惊讶的事件以及与同伴的智力对抗（社会互动和协作）。这些策略都有可能激起儿童的智力发展。儿童的兴趣反映了他们的不平衡状态，在皮亚杰看来，这些兴趣值得成为教育活动的中心。

智力自主

智力自主有认知和情感这两个组成部分。两者都很重要，它们在功能上是不可分割的。智力自主性与为自己做出智力选择有关，与学习如何做出决定有关。它是一种自我调节。它是一个侦探追求真理的方式，跟随出现的线索，测试假设，并根据当时已知的情况决定下一步该做什么。它是通过跟踪自己的不平衡状态来规划自己的调查和行动路线。

利用自主性，让儿童更自主地发挥作用，需要教师放弃对儿童追求什么行动路线以及他们实际做什么的一些控制。显然，这要求教育者对自主权的价值有信心。这意味着儿童知道一些老师不知道的事情。从某种意义上说，孩子比老师更知道下一步该怎么做才是最好的。孩子感受到了兴趣。另外，在下一步该做什么的问题上挣扎的过程，对孩子来说是一个形成构建的过程。虽然可能会出现明显的错误，但这是我们“学会学习”的最佳方式，也是教育工作者口头上支持的事情。干扰或阻止儿童发展认知自主权，会阻碍他们学习如何学习的努力。自主性不是给孩子们做任何他们想做的事情的许可，也不是放弃教师的控制。恰恰相反，它是关于学习如何自我调节，如何高效、有效和负责任地控制和指导自我。

情感自主性导致了合作性的社会行动和互动，其基础是希望做正确的、公平的、公正的、对他人和自己负责的事情。情感自主性包含了一个人所构建的价值观和伴随的义务感（由意志的形成所强加），以按照这些价值观行事。合作道德的存在，不是因为它是被强加的，而是因为它是一个自由构建的价值，是在某种程度上承认合作是有效的，是适应性的。情感自主性是许多人所说的自律的基础，因为它是一种行为选择的指南，它基于一个人所构建的价值观和坚持这些价值观的义务感。

情感自主性产生于相互尊重的关系中。这些关系首先是与同龄人建立的，然后是与成人建立的（如果一切顺利的话）。因此，情感自主性的来源是儿童的社交活动，并且是基于自由选择的合作。

智力自主，可以说是跟着自己的感觉走，这是很重要的，因为它允许儿童（和成人）学习如何最有效地找到有效学习和发展的途径，学习如何作为问题解决者发挥作用。我相信，这就是我们所说的学会**如何学习**。它还有助于创造一种自信的性格，从而打开通往新的可能性大门。显然，与一些人的观点相反，皮亚杰的自主概念并不是一个

个人主义的、非社会性的概念。在充分发展的情况下，它是一种重视与他人合作、相互尊重的关系和共同价值观的个人倾向，并且能分享的自我价值。

什么可以被构建？

皮亚杰指出，认知结构（图式）是按照不变的顺序发展的。① 也就是说，以结构发展为标志的认知发展过程对所有儿童来说都是一样的，尽管他们获得特定结构的年龄因智力和社会环境的不同而不同（Piaget and Inhelder 1969）。关于概念发展的不变性的研究，虽然没有定论，但支持了皮亚杰的理念，即概念的获得在本质上是分等级的和一体化的（Dasen 1977）。

有一点需要注意：皮亚杰并没有说他所描述的认知发展顺序是获得图式的**唯一**可能顺序。事实上，皮亚杰指出其他序列也是可能的（Bringuier 1980）。皮亚杰的理论是对他所发现的智力发展的描述；它不一**定**是智力发展的必然方式。虽然皮亚杰没有排除其他可能的序列，但任何其他的序列都必须符合这样的标准：连续的结构以整合和分层的方式纳入以前的结构。

假设概念的获得是不变的，至少在西方文化中是如此，那么在确定**何时**期望儿童有能力学习**什么**时，使用皮亚杰的不变性模型就有教育意义。课程顺序的设计应考虑到儿童不断变化的认知状态。如果要求儿童学习的内容没有考虑到儿童的概念发展水平，那么理解性的学习即使不是不可能，可能性也很小。如果儿童既不具备必要的认知技能，也没有获得必要的教育支持以首先获得这些技能，他们就不可能成功地进行建构。

这里的问题不仅仅是知识建构的成功，还包括不成功或“失败”的情感后果。被引导去“学习”某些超越他们头脑的概念，儿童试图去做不可能的事情。当他们被要求对这种学习负责时（就像他们被要求对考试和成绩负责一样），他们就会寻求改变理解的方法（背诵、考试策略和作弊）来应付，或者失败。无论哪种方式，其情感后果都是不健康的。屡次失败或做得不如他们觉得应该的样子的孩子，会不喜欢他们无法理解的内容。他们对这些内容产生了负面的感觉，并可能对自己作为学习者产生负面的感觉。

---

①皮亚杰从未声称他的理论普遍适用（Dasen 1977）。他的理论的普遍性的说法是由其他人猜测的。

最坏的情况是，认知之门关闭。就像数学恐惧症一样，孩子们会认为原因是无望的，并放弃，真的就不允许某些内容进入他们的系统。对学生来说，这样的结果也削弱了学生和老师之间的关系。对学生来说，他无法理解必然意味着他的能力有限，或者他的老师不能或不愿意尊重孩子的发展。感受到尊重也会带来尊重，反之亦然。

乐于学习，是小学生教育者特别关注的问题，当然，它应该是所有教育层次的关注，包括大学和成人教育。根据皮亚杰的理论，当且仅当儿童（或成人）获得了必要的模式和一般的推理水平（先决条件）时，他或她就在认知上准备好构建一个特定的概念。当然，必须有一个学习的内在理由（动机）。

课程和学生之间的不匹配问题在各级教育中都很严重，而且基本上没有得到重视。沙耶尔和艾戴（1981 年）在对高中科学学生的认知水平和课程（生物、化学和物理课程）中所包含的概念的"认知需求"的广泛研究中发现，即使是最先进的学生也存在着严重的不匹配。他们写道：

> 由于认知匹配不佳，大多数学生的真正潜力没有被充分激发和实现……，如果你把一个混合能力的班级当作他们都能理解你认为对他们很重要的东西，那么你将迫使那些不能理解的人把自己定义为无能。（pp. 139-140）

罗伯特·基根在《力所不及：现代生活的精神需求》（*In Over Our Heads*: *The Mental Demands of Modern Life*）（1994 年）中，不仅为学生（高中和大学），而且为试图在现代社会中生存的成年人阐明了一个类似的信息。基根描述了我们大多数人在面对超出我们所能理解的课程时的后果，以及对学校学习、育儿、工作和所有形式的个人间交流的影响。他写道：

> 人们在不断经历支持和挑战的巧妙结合中成长得最好……。如果环境过于偏重挑战［认知要求过高］而没有足够的支持，则是有毒的；它们会促进防御性和压迫感的滋生。那些严重偏向于支持而没有足够挑战的环境最终是无趣的；它们导致了活力的丧失，这两种不平衡都会导致退出或脱离环境。相反，支持和参与的平衡会导致重要的参与。（p. 42）

基根认为，当学生和成年人面临的认知要求过高或过低时，他们都会受到影响。

他还说过，如果有适当的支持，陷入困境可能是好事。

> 青少年陷入困境并**不**一定是件坏事。事实上，**只要他们获得有效的支持**，陷入困境可能正是需要的。这样的支持构成了一个稳定的环境，既怀着开放的心态承认这个人现在是谁，又促进了这个人的心理发展。（p. 43）

基根指出，没有支持的学习者不可能远远超越他们在学习中的位置。教育者有责任了解并考虑到儿童的优势和局限性，让他们参与到他们所处的位置，并邀请他们超越这个局限。基根从他的建构主义观点出发，对教育者和临床医生还有很多话要说。

智力发展的个体差异

皮亚杰在智力发展方面的研究和理论工作主要关注儿童知识建构的普遍性问题。他的努力主要是针对一般人的结构是如何演变的。尽管内容和功能是他理论的核心，但他对智力及其发展的这些方面的研究较少。皮亚杰没有涉及知识构建中的个体差异或个体变化的话题。然而，很明显，个体之间存在着巨大的差异，并非所有儿童都能在同一时间学习同样的东西。

儿童的智力发展速度有很大的不同。在**任何**一个教室里，学生之间在他们所构建的知识和他们的整体智力发展水平方面存在着很大的差异。虽然这在异质分组的教室中最为突出，但在有某种形式的同质分组的教室中也几乎是如此。从建构主义的角度来看，传统的分组程序几乎没有任何有效性可言。在有必要进行分组的情况下，我们可以根据学生的兴趣更好地分组。

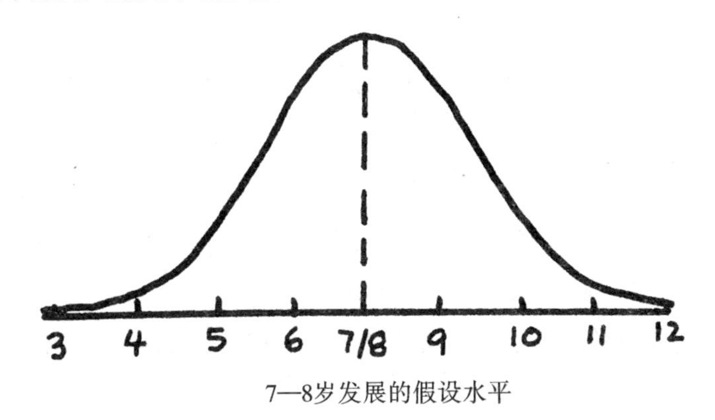

7—8岁发展的假设水平

在随机挑选的7—8岁的孩子（可能是二年级学生）中，我们会发现最多的部分是处于或接近于从前运算推理过渡到具体运算推理。还有一小部分人可能仍处于早期前运算推理阶段，另一个类似的群体则处于后期具体运算阶段。我们还将发现一些学生在推理中属于感觉运动型，少数人正在发展形式运算能力。因此，在同一年龄段的儿童中，我们可以预期从感觉运动到早期形式运算的整体智力发展水平。皮亚杰的发展水平在任何年龄段都有相应的范围或差异性。

在一个由14岁学生组成的普通高中代数班里，大多数学生可能处于发展形式运算的早期阶段。有些学生将处于高级形式运算阶段。有些则处于具体运算阶段。对代数的理解需要形式运算，因为其内容基本上是抽象的抽象。假设所有的学生都有学习代数的动机（这是不现实的），那些有条件成功构建相关知识的学生是那些有高级形式运算的学生和一些有初级形式运算的学生。当然，那些具体运算的孩子会感到无所适从，一些已经进入但没有充分发展形式运算的孩子也是如此。假设教学是理想的，但情况并不总是如此。无论如何，正如基根（1994）所说，那些发展速度慢于平均水平的学生，即使母体的认知需求和教学适合他们这个年龄段的普通学生，也会"力所不及"。发展速度慢于平均水平的学生看起来像"慢速学习者"。

慢速的学习者通常有潜力像具有平均或高于平均发展速度的学生一样充分发展形式运算，但由于他们的发展速度而发现自己可能失败。他们很可能在测试和其他衡量成绩的标准上表现不佳，并遭受羞辱和自我概念破坏的后果。具有讽刺意味的是，两年前不会做除法的学生，在除法考试中不及格，而今天能做除法的学生，却没有因为这一成就而得到积极的强化，即使这个孩子的学习比大多数人晚出现。按年龄分组，使这些孩子在学校的学习和表现上特别困难。

本书一开始提出的智力发展的主要因素是成熟、经验、社交互动和平衡。每个人在这些变量对其发展的贡献方面都有所不同。

由于发展可以追溯到出生前的生物因素，因此显然存在着影响智力发展的遗传性生物差异。这些可以表现为相关生理结构的不同成熟速度。

经验是发展的第二个变量。没有两个孩子有相同的经历。每个人的经历历史都是不同的。即使是在同一家庭长大的同卵双胞胎，也不能假定他们有相同的经历。因此，先前经历的差异会导致智力发展的个体差异。

由于儿童有不同的一般经验史，他们也有不同的社会经验史，或**社交互动**史。显然，一个人的互动史会导致个体差异。

儿童在其成熟、经验和社交互动的历史上有所不同，在这些因素如何相互作用以

支配智力发展方面，个体也会有所不同。

博威特(1976)观察到，一个人的发展速度可以在一生中变化。

> 在跨文化和学习研究中，我们观察到发展速度的减缓和加速。放缓可能是由于缺乏刺激造成的，而加速则可以在一定范围内，通过紧跟正常发展进程的教学方法来实现。(Bovet 1976, p.277)

个人差异是很大的。孩子们在用以学习工作的思考、推理和理解方面肯定是不同的，由此能学习和理解的也不同。

解决问题和批判性思维

教育工作者经常讨论解决问题和批判性思维，好像它们与正常推理发展过程中可能出现的能力不同。从皮亚杰建构主义的角度来看，批判性思维与常规思维没有本质的区别。它不是一种单独或独特的思维类型。解决问题所涉及的推理也不是唯一的。批判性思维和解决问题的能力是通过最大限度地提高儿童的智力发展来实现的，这包括培养他们追求问题的取向、欲望和信心。这都是学习如何学习的一部分。

从皮亚杰的角度来看，在儿童教育以建构主义方法为基础，重视和鼓励知识的探索和建构，这样的情况下，认知之门敞开，自主性成为主流运作模式。问题的解决需要发达的一般推理和相关知识。它还需要一种自主的性情、解决问题的愿望以及相信自己能够成功的信念。因此，情感条件与认知条件一样是有效解决问题和批判性思维的核心。

这些品质通过涵盖了无穷无尽内容(包括解决问题的练习)的教育实践，并不能学得最好，而是要通过培养深度理解、个人自主构建和自信心的实践。儿童和成人学会自主处理问题并相信他们自己的不平衡模式，获得了解决问题和批判性思维的最重要工具。那么，剩下的就是解决特定问题的欲望、感知的需要(适应价值)。

我相信，成熟的自主学习的习惯可能比相关的认知知识对有效的批判性思维和问题解决更为关键。缺乏特定知识的自主学习者知道如何获得这些知识。另一方面，如果不具备自主性和欲望(情感方面)，仅仅拥有必要的认知知识是不够的。这些都是无法快速学会的。

培养道德推理和道德行为

家长和学校能做些什么来促进儿童的道德判断和道德行为的发展吗？如果教育的目标(在家庭和学校)包括发展健全的道德推理和行为，如果我们同意皮亚杰的观点，我们可以得出结论，儿童和成人之间关系的权威模式是一个糟糕的模式。[①] 如果儿童在权威环境中发展道德判断、合作和自律，这只能是受制于他们与成人的权威关系，而不是结果。

> 当儿童的社会生活已经发展到足以产生一种无限接近于作为成人道德标志的内在服从的纪律时，希望把一种完全成熟的纪律制度强加给儿童是……荒谬的，甚至是不道德的。试图从外部改造儿童的思想是徒劳的……当他自己对积极研究的兴趣和他对合作的渴望足以确保正常的智力发展时。因此，从这个道德和理性的双重角度来看，成人必须是一个合作者，而不是一个主人。(Piaget 1965, p. 404)

皮亚杰建议学校培养儿童之间积极的相互尊重，就像约翰·杜威(1963)在20世纪早期描述的那样。专制的教师需要发现修正他们专制角色的方法，以便他们与儿童互动的主要部分可以是合作且平等的。赖特(1982)认为："道德发展的核心……可以被定义为相互尊重关系的长期和持续的经验"(p. 216)。儿童合作的发展以及自律(自主)的发展，只有在一个允许相互尊重的环境中才能发生。

与其他知识一样，儿童从他们在环境中的行为中构建道德知识和推理。显然，道德知识对于道德推理是必要的，而道德推理对于道德行为是必要的。同样正确的是，道德推理并不能确保一致的道德行为。一个人以道德的方式行事，并不仅仅是因为他在智力上有能力这样推理。在皮亚杰的计划中，道德行为在很大程度上受意志的控制，或者说受一个人的永久价值尺度的控制。如果一个人有强烈的意志，那么就有一种对自己价值观的强烈义务感。强烈的意志会增加一个人真正做他的道德推理所说的正确事情的可能性。

---

①这并不是反对成人在适当的时候对儿童施加权威的论点。然而，如果权威仍然是他们生活中的主导道德力量，就不能指望儿童发展出高级的道德理性。

> 如果我们拥有一个永久的价值尺度，冲突就可以得到解决，冲突的解决包括实际情况对永久价值的服从……如果这些价值是强大的，那么调节将直接产生，而不需要增加新的力量。而如果这些价值是弱的或不连贯的，就不会有意志。(Piaget 1962b, pp. 144-145)

无论是皮亚杰还是任何其他心理学家或教育家，都不能为教师或家长提供一个现成的计划，以确保儿童的道德推理和行为的发展。常识表明，家庭和学校的教育实践应该与我们对儿童及其发展的了解相一致。以下是符合皮亚杰理论的几条准则：

1. 教师和家长可以在与年幼的孩子们相处的至少部分时间里相互尊重、建立非独裁的关系，并与高中生一直保持这种关系。教师可以鼓励儿童自己解决问题，发展自主性。教师必须尊重儿童，如果他们希望儿童尊重他们的话。

2. 当有必要对儿童进行惩罚时，可以基于对等原则，而不是赎罪。例如，对于拒绝打扫房间的男孩，可以剥夺他的东西。打其他孩子的女孩可以剥夺她与其他孩子的互动。

3. 教师可以在课堂上促进社交互动，鼓励质疑和研究儿童提出的几乎任何问题。处理儿童自发的智力兴趣是有知识价值的，处理自发的道德问题对他们的道德发展同样有价值。

4. 教师可以让学生，甚至是学前阶段的学生参与到道德问题的讨论中来。当孩子们聆听同伴的观点时，他们可以体验到认知的不平衡，这可以导致他们概念的重组。认知冲突对于推理（发展）的重组是必要的。

5. 学校和教室可以进行重组，让学生更多地参与到学校管理过程的有效方面。尽管许多“教育家”愿意这样想，但责任、合作和自律不能以专制的方式传递给儿童。这些概念必须由儿童从他们自己的经验中构建。互相尊重的关系是必不可少的。教师和家长通常是构建社会环境的人，儿童适应并从中学习。在正义只基于权威的环境中，儿童是否能发展基于合作的正义概念是值得怀疑的。

第九章　应用皮亚杰的建构主义理论和数学教育

在20世纪50年代末和60年代初，作为一名传统的七年级教师，我在一个独立的教室里教学，试图用课本上的算法教学生算术计算。有一天，在介绍分数除法时，我按惯例说："你们把其中一个分数倒过来，把除号改成乘号，然后再乘。"

$$\frac{1}{2} \div \frac{3}{4} = \frac{1}{2} \times \frac{4}{3}$$

班上有一个比较聪明的孩子吉米·琼斯，举起手来问（坚持）："为什么？这根本就没有意义！"我想了一下，很尴尬，说："我不知道。但我会查出来的。"那天晚些时候，我问了其他七年级的老师，他们也不知道。我又去问了八年级的老师，认为他们一定比七年级的老师知道得更多。他们也不知道。我听说高中有两个拥有博士学位的数学老师。我确信他们会知道。我去问了他们和其他高中的数学老师。他们也不知道。这时，我的直觉告诉我，作为数学教师，我们遇到了严重的麻烦：有些事情真的错了。几年后在研究生院发现皮亚杰理论，这使我开始理解这些类型的困境。谢谢你，吉米·琼斯。

我认为，数学是传统的非建构主义方法（如我作为七年级教师使用的方法）对儿童的学校学习产生最不利影响的一块内容。孩子们来到学校时，往往有自己成熟的、自主构建的"非正式"算术知识（Baroody 1987；Ginsburg 1977；Kamii 1985，1994）。他们通常会数数，几乎总是对加减法有直观的理解。在学校，教学从符号和计算开始。很多时候，即使是许多发育先进（"聪明"）的学生，也或多或少地被他们所遇到的教学方法和数学课程永久地束缚着。罪魁祸首是那些注重从教师到学生的直接传递和正确答案的方法与要求，而不是注重儿童的自主思考和数学概念的构建。

大多数传统的算术教学都是计算教学，鼓励内化（记忆）①标准算法。这种教学迫使儿童放弃自己的思考。因为算法背后的推理往往使儿童“力不能及”，不是他们自己思考的产物，所以他们无法理解这些算法（Kamii 1994）。孤立的计算教学诱导大多数儿童相信，“真正的”数学就是计算，而且必然是记忆的。孩子们被他们无法理解的教学催促着，可能会放弃对数量推理的追求。因此，数学教学，与其说是从儿童的非正式或建构的知识开始“搭桥”，不如说它经常使儿童面对他们无法理解的空白。

学习数学概念事关思考、推理和构建。计算是需要学习的重要技能，但最好是作为儿童自己构建的产物来学习。如果有机会，学生一般都会在适当的时候构建标准的算法（或同样有用的算法），而且他们了解其涵义以及何时和如何使用它们，他们也不会忘记它们。

在学校学习数学概念和方法需要将具体和形式运算应用于数学内容。不需要新的或不同形式的推理。不存在只针对数学的特殊推理类型。那些理解（拥有）数学知识的人从他们的逻辑—数学推理中构建了一些概念，尽管他们在学校里接受过指导。其他的人则常常迷失。迷失，如果持续下去，会产生严重的情感（也就是智力）后果。那些不能理解的人对自己失去信心，往往会放弃。如果没有适当的“桥梁”或教育支持，他们就有可能学会讨厌数学。认知之门就会关闭。

本节介绍了一些基本原则，这些原则被认为是算术和数学课程所必需的，且要与建构主义理论相一致。有兴趣的读者可以查阅超出这里范围的资料（参考 DeVries and Kohlberg 1987；Kamii 1985，1994；Labinowics 1985；Schifter and Fosnot 1993；Baroody 1987；Ginsburg，1977），这些原则改编自德弗莱斯和克尔伯格（1987）。

1. 在引入数字问题之前，必须先发展心理结构。如果儿童在获得与问题中的数学概念有关的逻辑—数学结构之前就试图推理数字问题，那么这些问题对他们来说就没有任何意义，构建就会受到干扰。

2. 心理结构（图示）必须在引入形式符号使用之前得到发展，数学的符号使用或语言是一套书面或口头的数字（1，2，3，等等）。这些符号是概念的表征，书面数字不是概念。概念是主要的，它赋予表征的意义。金斯伯格（1977）明确指出，“儿童对书面符号

①断言死记硬背不是一种学习，并不是说死记硬背不受重视，而是说从皮亚杰的角度来看，它不是智力发展的途径。死记硬背是一种有价值的、有用的技能，就其本身而言是值得鼓励的，但记忆和理解并不是一回事。理解数学运算的孩子在智力上与只背诵计算程序的孩子不同。

的理解通常落后于他们的非正式算术(概念)”(p. 90)。当儿童在拥有基本概念之前被要求尝试从书面数字(表象)中获得意义时,构建是不可能的。

3. 在理解隐性逻辑之前,不应强调自动化的知识。许多人都十分坚信,记忆书面数字事实是绝对必要的。卡密(1984,1985,1994)和其他一些人已经证明,如果指导得当,儿童可以不通过通常的死记硬背的方法来学习数字事实。在获得概念之前的背诵促进了记忆,而不是构建和理解。

4. 儿童必须有机会发明(构建)数学关系,而不是简单地面对成人现成的思想。探索和自主构建知识的重要性是本书的一个主题。成功的教学是促成个人构建的教学。建构是必要的标准。

5. 教师必须了解儿童错误的性质。根据定义,智力和数学的发展充满了错误。错误是构建所有领域的一个不可避免的部分。数学中的系统性错误往往反映了儿童用于解决问题的推理和建构的知识,①例如,下图显示了一个儿童(彼得)对一系列减法问题重定义的回答。所有的答案都是不正确的。但很明显的是,这些错误不是随机的,而是系统性的,表明使用了一种推理策略。“因为借位对彼得来说没有意义,所以他没能学会借位的算法。当他遇到需要借位的问题时,他又回到了熟悉的方法,即用大数减去小数。实际上,他发明了自己不正确的方法来应对一个不熟悉的任务”(Baroody 1987, p. 55)。

错误范例

11	12	16	20
−4	−8	−9	−7
13	16	13	27
21	27	35	40
−8	−8	−17	−13
27	21	22	33

来源：Baroody, 1987, p.55.

①错误不仅仅反映了儿童的现有知识。它们也可以反映出粗心或情绪上的困惑和痛苦。熟悉从建构主义角度看待儿童错误的教师,很快就能学会分辨哪些是反映建构的,哪些不是。

彼得关于此问题的解决措施，是合乎逻辑的。他的回答让我们了解到他知道什么，还不知道什么，以及我们需要和他一起学习的内容。教师应将错误视为儿童推理的信息来源，并了解儿童模式的性质。卡密（1985）、拉比诺维茨（1985）、金斯伯格（1977）和巴鲁迪（1987）都有助于更全面地发展关于儿童错误的这个重要观点。

6. 必须建立一种思考的氛围。典型的数学教学形式是由教师直接向儿童灌输数学事实和计算方法的某种努力。通常情况下，学生是被动的参与者。孩子们被迫尝试理解老师所说的内容，但往往无法在老师或课本所讲的内容与他们所构建的知识之间建立起心理联系。

当以这种方式在智力上受到阻碍时，学生会尽可能地适应（就像彼得一样）。他们使用他们所构建的知识，无论多么不充分，来推理这些问题。当认识到这是不充分的时候，他们可能会尝试在不理解的情况下记住所有东西。对一些人来说，这可以使得考试通过。对有些人来说，则不然。除了少数人之外，其他所有人都没有进一步构建数学知识。

孩子们需要有一个课堂环境，让他们愿意并被鼓励去尝试他们的理论和策略。如果鼓励学生互动，分享想法，相互批评对方的解决方案，并在智力上辩论如何做什么，这是有帮助的。同伴间的互动可以通过产生认知冲突来促进个人的建构，从而产生不平衡，这是重建现有知识的动力。

大多数数学教学的重点是计算方法，而不是鼓励自主构建数学概念的方法，这些概念是数学的基础。儿童努力去了解和理解事物。当他们无法理解时，就会采用记忆和其他不太有效的策略。学生，即使是“聪明”的学生，也可能被那些“高高在上”的教学说服，而忽视了他们试图理解自己的数学经验的自然倾向。这经常成为一种破坏性的习惯。

为什么这么多学生讨厌数学？最明显的原因是他们不了解它。它不是大多数人都能理解的东西，尽管大多数人用所有的智力工具来理解数学。面对负面情绪，许多人回避数学。认知之门是关闭的。建构主义试图保持认知之门的开放。[①]

①位于马萨诸塞州南哈德利的蒙特霍利约克学院，通过其教师暑期数学项目为小学至中学教师提供暑期研究生水平的课程。这个全国公认的项目明确地以建构主义原则为基础，任何希望更熟悉建构主义原则在数学教学中的应用的教育工作者都会感兴趣。

无穷大

1970 年的一天,我参观了马萨诸塞州阿默斯特市的一所新的私立小学。这所学校叫作“公共学校”,是由一位经验丰富的教师约翰逊女士创办的。当我进入这栋破旧的建筑时,我看到四个四年级学生在一个小房间里拿着一卷大纸。一个学生似乎在写数字,而其他学生则在认真地看着。很明显,卷轴的很大一部分都是数字。每个被写的数字似乎都有 25 位,而且每一个连续的数字都比前一个数字增加了一位。学生们完全被吸引住了(我也是)。我又看了几分钟,然后出发去找约翰逊女士。

我找到了约翰逊女士并做了自我介绍。我提到了那四个写数字的学生,问她是否知道他们在做什么。她说她知道,并解释说他们的老师在两天前的数学课上一直在谈论“无穷大”的概念。似乎有些学生表示他们不“明白”,并争辩说数字必须在某处结束。老师所讲的“**无穷大**”,对学生来说没有任何意义。在讨论过程中,有几个学生提出,他们可以写出所有的数字,然后到达终点。他们要求试一试,老师拿出卷纸,让他们去试一试,我到的时候他们已经做了两天了。实际上每隔几个小时就有一队学生互相拼写,后来我发现他们又坚持了一天,决定停止。

这对于这些学生的时间来说是值得的吗?这不是计划中的,也不是课程的一部分。许多学生几天来经常不在课堂上,错过了课堂上的任何事情。有些人只在思考“无穷大”的问题。这些学生积极地参与了知识的构建。这个活动是由不平衡所促使的,是兴趣驱动的。这些行动是自主的、合作的、共建的,而且显然是有价值的。他们有没有学到(建构)一些关于“无穷大”的东西?① 当然有。对我而言,这就是老师积极应对自发的兴趣和不平衡的范例。

有些人可能会想,让所有学生(以小组为单位)尝试写到“无穷大”,并将其作为数学教学的一部分,这可能是个好主意。这样的**规定**活动可能是一个大错误。在之前那种情况下,活动是有效的,因为它源于儿童的不平衡和教师指导的自主行动。要求学生在没有真实的不平衡的情况下这样做,会使它成为一项毫无意义的任务(Frank Murray, personal communication, 1992)。

①无限大是一个抽象的概念(或假设的构造),不能直接从人的观察中得知。大多数学生在形式运算之前并没有构建完整的无限概念。因此,期望大多数 9 至 10 岁的孩子掌握全部含义或让他们负责理解,是不现实的。另一方面,这些学生显然有一些概念可以带入教师的评论中,并且对其中一些概念进行了重构。

皮亚杰理论对儿童学习阅读和写作的启示

最近才有学者试图通过皮亚杰的理论来研究阅读这件事（Chall 1983；Elkind 1981；DeVries and Kohlberg 1987；Wadsworth 1978）。在未来的十年里，皮亚杰的理论和研究很可能会更加关注与阅读有关的问题。

这里介绍一些从皮亚杰理论中得出的准则。皮亚杰的理论并不直接产生阅读、写作和拼写的教学方法，但确实提供了一套原则，可以据此评估不同的教学方法。

1. 学习阅读显然是理解书面语言的一部分。学会阅读和阅读是处理书面语言的接受性方面。另一部分是学习写作和拼写，这是使用书面语言的表达性方面。如果在课程中把阅读、写作和拼写相互孤立，就像通常情况下那样，是完全没有意义的。这三者必须一起发生，而不是作为独立的科目。

2. 儿童需要建构一种意识，即图形符号（书面语）可以用来代表事物。大多数最初的阅读教学都假定了这种认识。许多参加阅读教学的儿童并不具备这种认识。缺乏这种理解的儿童很难理解任何教学。

3. 学习阅读与阅读不同。为内容和理解而阅读是一个人只有在学会阅读之后才能做的事情。学习阅读，就像学习口语一样，可以被看作是一个解码的过程。对于有动机的儿童来说，任务是构建对社会认可的书面语言规则的理解。这就要求儿童积极努力同化和顺应书面语言的经验，并逐步构建关于阅读（以及写作和拼写）的更准确的模式。因此，儿童对书面语言的行动是至关重要的。错误会层出不穷，必须将其视为构建过程的一部分。错误应该被看作是儿童关于书面语言构建的信息，可以成为任何教学干预的基础。

学习阅读是一个发生在儿童头脑中的构建过程。尽管这种建构是个人的，但与同龄人和成年人就书面语言进行互动是必不可少的。书面语言是社会知识的一种形式，如果不与他人互动，就不可能准确构建。

4. “儿童的阅读活动（在学习阅读的过程中）的内容应该对儿童有意义。也就是说，儿童应该事先将他正在学习阅读的材料中的书面符号（词汇）所指的对象同化为结构”（Wadsworth 1978，p. 144）。儿童需要能够将意义附加到符号上，事情才有意义。意义存在于何处？意义只存在于儿童所构建的图式中。文字（书面符号）并不承载意义。在儿童学习阅读时，如何确保儿童材料的内容对他们有意义？最明显的方法是使

用儿童的语言，而不是现成的书籍，作为书面材料的来源（见 Ashton-Warner 1963）。

5. 学习阅读必须从适应和动机的角度来看。皮亚杰指出，动机对儿童学习阅读很重要（Wadsworth 1978）。对阅读的兴趣是参与弄清阅读所有相关内容的动机的一种表现。兴趣是决定意愿程度的一个重要因素（也许是最重要的因素）。

目前还不清楚学习阅读是否需要特定的认知发展水平。是需要具体运算能力，还是前运算能力就已经足够？不同水平的儿童可能以许多不同的方式学习阅读的各个方面。学习阅读的进展速度各不相同。这就需要个体化。教师工作的一个方面是帮助在整个过程中保持积极的情感（保持认知大门的开放），以防止构建的动机被关闭。

为什么儿童在学习阅读时遇到的困难往往比学习说话时多得多？其中一个原因可能是，从学到的第一个字开始，学习说话就是**适应性**的。而只学习一点点阅读则没有那么明显的适应性。人们必须把阅读学得很好，才能成为有用的交流工具。另一个原因可能是，阅读教学往往侧重于阅读过程的机械性，而不是儿童的主动构建和密码破解。这可能会导致儿童的注意力从他们自己的自主活动转移到那些老师表示更重要的活动上。这对许多儿童来说是灾难性的，因为他们没有构建阅读的意义。这对他们继续阅读的意愿只有负面的情感影响。

虽然皮亚杰的理论并没有产生推荐的阅读方法，但我鼓励有兴趣的读者阅读西尔维娅·阿什顿－华纳的《教师》一书，并对她制定的方法进行思考。这本书与建构主义并不完全吻合，但她所推荐的关于阅读和写作的大部分内容都可以被视为与皮亚杰的认知和情感原则相一致（见 Wadsworth 1978）。

许多建构主义者支持以全语言的方式进行阅读、写作和拼写，而阿什顿－华纳的方法是可能被称为全语言的一种。有些全语言的方式在理论上是合理的，有些则不然。遗憾的是，我不知道对不同的全语言项目有什么好的评论，不过德弗莱斯和克尔伯格（1987）很值得一读，以此能建立一个框架来评估项目。并非所有的项目都符合建构主义原则。

有一个实际的儿童（和成人）群体，他们无法成功地构建“探查”书面语言的规则这样的图式。他们似乎有严重的语言学习“障碍”。他们占人口的15%—20%之多。他们在学习使用口语、阅读、写作、拼写和外语方面往往有问题。如果从他们的历史中没有明确的替代假说，他们可能会被贴上**学习障碍**（或更具体的**阅读障碍**）的标签。这些人是真实存在的，他们无法对学习使用语言的常规方法，包括全语言方法做出反应。

许多教育工作者，包括许多建构主义者，都否认这一人群的存在。对阅读障碍学生的成功教育需要比一般的阅读课程提供更多的东西。关于这个问题，在下面关于学习障碍的部分会有更多介绍。

建构主义理论和学习障碍

多年来，我经常在蒙特霍利约克学院的教师备课课程中教授一门基于建构主义的教育心理学课程和一门特殊教育入门课程。虽然我最初接受的是教育心理学培训，没有接受过特殊人群教育方面的培训，但多年前我有幸在一个夏天与早期的感知—运动理论家之一纽维尔·凯法特(Newell Kephart)一起工作和学习。他在临床分析儿童个人学习和表现问题方面的才华，以及他在发展框架内研究这些问题的努力，确实给我留下了深刻印象。与凯法特的经验帮助我开始了解如何为有学习严重问题的学生确定有效的教育援助。20 世纪 70 年代，我继续在蒙特霍利约克的学习障碍诊所兼职工作。几年前，我在蒙特霍利约克开始并指导了学习障碍和阅读障碍大学生的支持计划。此外，我还发展了与学习障碍学生一起工作并为其提供支持的临床实践。因此，我的专业工作有两方面的教育内容：基于皮亚杰的建构主义“常规”教育和“特殊”教育。

建构主义教育和特殊教育在历史上一直是两个独立的领域，在哲学和教学策略方面几乎没有重叠。近年来，一些建构主义教育家(Harris and Grahaam 1994; Reid and Hresko 1981)开始质疑这种分离，并探索建构主义概念在思考学习障碍者和其他“特殊”人群教育方面的潜在效用。在我看来，研究这两者的交叉点是一件明智的事情，这并不是因为我相信建构主义，在这里被等译为普通教育，会自动“拯救”特殊教育，而是因为特殊教育问题所引起的不平衡可以丰富我们的思维。

我告诉我班上的学生，**我们或多或少都有学习障碍**，说这话是认真的。更清楚地说，我的意思是，我们都有长处和短处。用霍华德·加德纳(1983)的话说，我们的一些智力领域比其他领域更发达。由于各种原因，我们在某些方面很擅长，而在另一些方面则很糟糕。我的一些优势是出色的视觉空间感和运动技能，这对我的艺术工作、家具制作、建筑施工和阅读地图有很大帮助。我的一个弱点是音乐能力(或音乐智能)就十分有限。我曾非常努力地学习演奏乐器，但结果很不理想。我的优势和劣势没有明确的解释或“原因”。它们是我的神经系统的一部分，是我被锤炼锻造出来的双手。我

们所说的学习障碍是指一个人有影响其学校学习和表现的弱点的情况。他们也有长处,但通常是通过他们的弱点进行评估。如果衡量一个人是否优秀的标准是音乐能力而不是学校成绩,那么我就会被贴上学习障碍的标签。我的长处将毫无意义。学习障碍者的情况也是如此。

在学习和表现方式上有显著差异的学生群体占15%至20%(在某些群体中则更高)。我在这里主要讨论的是学习障碍(LD)和阅读障碍,这是学校最常见的"障碍"情况(David Drake, personal communication, 1994)。学习障碍是通过排除法来定义的。当一个人智力正常,没有原发性情绪问题,有正常的学习机会,并且有学习动力,没有其他因素或因素组合可以解释低成绩时,这个人就是学习障碍。这意味着他或她有一个或多个方面的弱点,干扰了学习或表现。**阅读障碍**是一种学习障碍,其症状集中在语言的使用上,表明有基本的语言障碍。阅读障碍者通常有某种形式的可观察到的学习和使用其母语的困难(如查词和处理速度慢)。他们通常有阅读和写作困难,而且几乎总是有学习外语的困难。他们往往在一些与语言无关的领域有不寻常的优势。对我来说,重要的是要问建构主义理论对从事"特殊教育"学生工作的教育者有什么帮助。在讨论这个问题时,我将暂时回避诊断和鉴定、病因学以及诸如包容和主流化等充满政治色彩的重要议题等问题。我在这里的评论将只针对学习障碍和阅读障碍人群,而我相信它们的应用更为普遍。

当人们观察对普通学生和学习障碍学生的教学时,通常可以看到明显的差异。对学习障碍学生的教学通常是高度结构化的,以技能为导向的、高度重复的并且完全由教师指导的。不平衡、建构、兴趣和自主性的概念很少出现。从皮亚杰建构主义的角度来看,这样的教学似乎与发展原则相悖。

知识和理解力的构建

皮亚杰建构主义的基石是相信知识是一种建构,一个人的理解力和推理力的来源是建构的知识。学习障碍的学生是否建构知识?他们是否经历过不平衡并同化和顺应经验?很明显,他们是这样做的!事实上,虽然有弱点,但学习障碍学生往往有超过非学习障碍学生的优点。

蒙特霍利约克学院最近的一名毕业生就是这样一个人,她被认定为人所共知的阅读障碍深度残疾者。她的阅读和写作水平达到了四年级的水平。在她大学的四年里,她需要一个学生编辑来帮助她完成所有的写作。她是理科专业,在大四时完成了一篇研究论文(已发表)。当她参加研究生入学考试(未计分)时,她在语文和数学部分的成绩大约为平均水平,在分析部分得到800分(满分)。她申请并被神经科学领域的四个顶级博士项目录取。她完成了她的研究生工作,并在新英格兰最著名的大学之一从事教学和研究工作。这个年轻女子在语言运用方面有深度的障碍,而在分析推理和思维方面有极明显的优势。她注定会成为一名出色的科学家。

学习障碍学生的一个常见的“弱点”是记忆,往往是短期和长期记忆。当普通的非学习障碍学生面对他们不理解的学校内容,面对考试或其他表现要求时,他们最常使用的策略是记住他们能记住的东西,如果运气好的话,就能通过考试。当然,这并不是衡量真正学到了什么(或构建了什么),但这是传统系统的运作方式。记忆力弱的学习障碍学生在这方面做得比较差,如果有的话。学习障碍学生不能像非学习障碍学生那样依赖记忆。在这种情况下,学习障碍学生和非学习障碍学生在考试成绩上的差异可能几乎完全在记忆能力上。事实上,对不理解的内容的测试可以变成对记忆的测试。这意味着,在考试成绩上,学习障碍学生可能比非学习障碍学生更依赖理解力。

情感性

由于学习障碍学生通常在学校有学习和表现上的困难,他们的自尊心通常比非学习障碍学生低。像他们的非学习障碍同学一样,他们回避他们认为不能成功的学习任务。认知上关了很多门。在最糟糕的情况下,他们甚至认为在学校取得有限的成功也是无望的。负责把关知识构建入口的情感系统往往是混乱的。用普莉希拉·维尔的话说,他们可能不“适于学习”(Vail 1987)。认知之门是关闭的。例如,在数学中,认知之门关闭并不是因为学生天生讨厌数学或缺乏数学能力,而是因为学生无法充分理解数学和失败的情感后果。封闭的认知之门被强大的情感之锁紧紧锁住。孩子的目的不是要重新打开封闭的认知之门。在皮亚杰看来,这是一种可以理解的适应。

当然,在认知之门关闭的情况下,学习学校内容的可能性为零。在情感上学到的,是不喜欢这些内容,往往也不喜欢自己,不相信那些坚持要他们学习的人。那么,教育者的一个大问题是,封闭的认知之门是否可以打开,如果可以,我们如何才能促进它?

打开封闭之门

学习障碍和非学习障碍的学生都可能有封闭的认知之门,尽管有困难的学习障碍学生肯定有。教师关心的问题是如何帮助孩子保持认知之门的开放,以及如何帮助孩

子在认知之门关闭时打开大门。在核心方面,这是一个情感问题。这是一个关于学生的感受的问题,而不是他们知道什么。

鉴于学生有紧锁的门,我们可以假设他们对这些领域的感受是负面的。这些负面感受反映了自主构建的价值观。重视数学的老师可能希望学生也能重视它。那么,问题是,如何帮助一个不重视数学的人(认知之门是关闭的)来重视数学(认知之门是开放的)?

自主性和自我调控

皮亚杰建构主义理论的核心是相信自主性的学习和发展比外部指导的学习和发展更真实。在皮亚杰的理论中,自主性或自我调节指的是儿童的倾向性、易感性、意愿或决心,以此来体验不平衡和对体验持开放态度,并在体验不平衡或允许体验进入(知识建构过程)时,通过积极地同化和顺应以及选择其他必要的体验来寻求解决。更简单地说,儿童的情感系统使控制进入知识建构过程的大门保持开放,并允许儿童的适应性学习程序遵循自己的方向,就像一个侦探一样。

自主学习被认为是更好的,因为它有效而肯定地建立在儿童现有的建构知识之上,并确保知识重建的结果会带来质的进步和更好的适应。自主指导的学习确保了理解力和意义的提高。

众所周知,大多数在学校的学习障碍儿童很少是自主或自我指导的学习者(Garner 1992; Palinczar and Klerk 1992; Drake and Wadsworth 1992)。学习障碍儿童通常缺乏有效的策略来弄清如何进行许多学校任务,并且通常对调节自己的学习没有信心。他们向外界寻求指导。大多数针对学习障碍学生的项目将"控制"安排在教师和项目中,没有将自我调节作为学生的目标。德西等人(1992 年)观察到,针对学习障碍儿童和其他特殊人群的项目通常是以控制为导向的(或明或暗地)。他的研究表明,"内在动机变量对这些(学习障碍)学生的成就和适应很重要……有证据表明,在家庭和课堂环境中对自主性的支持……以及重要成年人的参与,会促进更大的内部动机、成就和调整"(p. 469)。因此,我们有理由问,如果学习障碍儿童的学习更加自主和自我指导,他们是否会成为更有效的学习者,或者自主性是否不应该成为这些学生的目标。如果我们决定促进学习障碍儿童(所有儿童)的智力和情感自主性是可取的,那么我们该如何进行?

重要的是要认识到,所有儿童从出生开始就能自我调节他们的学习和发展。他们是天生的自我调节者。自我调节是常态,除非被阻挠,否则它一直是主要的调节方式。在学校里,阻挠往往是由反复失败引起的。经过反复的失败,孩子们将自己内部的自我调节倾向归于外部的自我调节倾向(即老师),直到他们辍学。这是一种可以理解的适应。如何让他们回来呢?

在皮亚杰的理论中,智力自主和完全自我调节的形成需要建立皮亚杰所谓的**相互尊重关系**。同伴之间的这种关系可以在前运算推理的发展中开始;与成人(如教师)的相互尊重关系可以在具体运算的发展中开始发展。这种关系总是涉及学生和老师(或其他成人)之间的平等概念、共同的价值观和相互欣赏。在我看来,相互尊重的关系必然转化为学生感到有人关心他们所关心的一些东西(价值),关心他们,并且在他们看来认真对待他们的兴趣和他们所说的。

相互尊重和关怀,当孩子认为是这样的时候,通常由孩子关心和尊重成人,达成相互尊重和关怀。相互的重视和关怀通常会演变成相互尊重关系和信任。我相信相互尊重的关系和信任会促进儿童愿意考虑共同照顾者的价值,即使这些价值对儿童来说可能是反感的。在相互尊重和信任的基础上,在适当的支持下,教师(或家长)能够逐渐说服孩子考虑打开一些封闭的大门,承担他可能不会承担的风险。由于这种关系受到重视,学生信任并相信他或她的最佳利益得到了考虑。如果大门打开了,哪怕是一条缝,老师就有一只脚踏入了大门。如果再加上教育援助或指导,帮助孩子成为一个被认可的(这不是一件容易的事)更有效的学习者,那么最终的成功就会有真正的可能。学生有可能在以前回避的领域建立起能力,并以一种可行的策略,朝着重新建立自我调节(自主性)的方向发展。

皮亚杰认为相互尊重关系是学生自主性发展的必要条件,而自主性是人格发展和社会全面发展的必要条件。虽然皮亚杰没有用**关怀**这个词来描述这些关系,但我认为他使用的**重视**、**对等**和信任这些词意味着,在相互尊重的关系中,儿童感到被重视,在某种程度上与成人平等,因此受到关怀。

相互尊重关系和信任(皮亚杰断言这是自主性发展和进一步情感与社会适应的基础)在教育中经常被忽视。人们可能会认为,教师尊重和关心学生。的确,许多教师关心和尊重学生,并不是因为教育政策将关心作为优先事项,而是因为这些教师自主地决定以这种方式对待学生。尽管如此,教育者通常从学生那里寻求单方面的尊重,而很少与他们相互尊重。我和诺丁斯(1992)都认为,相互尊重的关系和关怀对于自主性的发展和进一步的情感与社会发展至关重要,应该成为教育事业的核心。

皮亚杰建构主义对全语言与语音学辩论的评论

在一些教育界，阅读教学的全语言方法与建构主义理论有着恰当的联系。遗憾的是，有许多不同的阅读项目将自己定位为“全语言”，而其中大部分都与建构主义不完全一致。他们往往偏离了建构主义的原则，或者在方案中省略了重要的原则（如相互尊重和关爱）。在建构主义理论中，全语言阅读教学不是一套规定的教学程序，而是一套人们用来指导教学的原则。（见本章“皮亚杰理论对儿童学习阅读和写作的启示”）。

利伯曼夫妇（1991 年），是在研究有阅读障碍的学生方面的知名理论家，对全语言运动提出质疑，认为全语言是鲁莽的，强调代码和解码方法是负责任的。利伯曼夫妇的批评大部分是准确的。许多孩子用全语言方法学习阅读。许多人似乎不管用什么方法都能学会阅读，可能是不管任何指导。利伯曼夫妇认为，25% 的孩子不会用全语言方法学习阅读，必须明确地教他们字母原理（如何解码）才能继续。我认为他们基本上是正确的，这个现实是许多全语言教师拒绝承认的。全盘语言，无论如何构思，并不总是有效的。阅读障碍是真实存在的，年轻的阅读障碍者无论如何努力都无法跟上。他们需要一个适合**他们的**教育桥梁。

尽管利伯曼夫妇所说的很多话我认为是正确的，但他们对建构主义理论和一般的发展缺乏了解是显而易见的。下面的章节将提醒大家注意皮亚杰建构主义理论中的几个原则是利伯曼夫妇所忽略的，也是许多全语言倡导者所忽略的。

建　构

知识是一种建构。大家都同意，掌握口语（对于聋哑人来说，就是手语）是建构字母原理和学习阅读的前提条件。利伯曼的观点似乎是，口语是完全植根于生物学的，儿童学习口语很容易发生。尽管对大多数儿童来说，这似乎很容易发生，但忽略了一点，即口语是一种构建。这种构建既不是自动的，也不是不可避免的。只有当孩子积极尝试打破密码，逐步构建口语的规则性和不规则性时，知识才会产生。对于一些有阅读障碍的人来说，可能产生不了什么。同样地，破解书面语言的密码，似乎是一个更复杂和困难的任务，也是一个建构的过程。所有帮助儿童阅读的人都必须认识到，口语和书面语都是建构。无论使用什么教学方法进行阅读教学，进步的标准必须是儿童是否正在逐步构建阅读规则。

适应性

智力发展是生物意义上的一种适应形式。许多年前,我曾经面对过一个3岁半男孩的病例,他的口语严重滞后。他的父母很担心。他不怎么说话,被一个专家小组诊断为智障者。他们建议将他安置在一个为智障者和语言表达迟缓儿童开设的特殊学前班。我就孩子的家庭生活进行了访谈,发现他除了母亲之外,很少与其他孩子或成年人接触。孩子的母亲十分难能可贵!她总是和孩子在一起,很细心,很有爱心,而且特别善于预测孩子接下来想要什么或需要什么。我对语言延迟的假设是,孩子没有理由说话,所以他没有说话。他有一个完美的交流系统,而语言并没有提供更好的东西。在那个时候,这个孩子绝对没有学习语言的适应价值。在我的建议下,这个孩子被安置在一个普通的学前班,母亲被劝告不要对孩子有太多的期待。几个月后,他成了一个真正的话匣子!没有证据表明他智力弱,也没有证据表明他有基本的语言障碍(阅读障碍)。并非所有的语言"问题"都是阅读障碍。

自主性

自主性是建构主义理论中有效构建知识的核心。儿童为理解并让所从事的工作有意义而进行自主性努力,这是有价值的。在学习说话、阅读和写作的过程中,自主性和所有学习一样受到重视。幸运的是,在学习口语的过程中,儿童的自主性通常得到保证。两三岁的孩子不是去学校学习如何说话的。成人和大一点的孩子与孩子进行口头交流,大多数幼儿由此构建了口语的规则。可以说,他们破解了密码。

从根本上说,全语言阅读教学的倡导者认为应该站在后面,让学习发生,谨慎选择何时作为教师与孩子互动。但这种方法只在某些时候有效。正如利伯曼夫妇正确地提醒我们,25%的孩子不能自发地构建字母原理和解码规则。他们认为,在这些情况下,必须直接教给孩子们他们没有自发想出的东西。这种方法在"阅读恢复"项目中使用得相当成功。这也是不同版本的奥顿-吉林厄姆(Orton-Gillingham)方法中使用的方法,用于治疗有阅读障碍的儿童。如同阅读恢复中的直接指导,对于那些在解码方面过度挣扎的非学习障碍学生来说,似乎是有效的。但对于有阅读障碍的学生来说,它是否有价值就不太清楚了。有时自主性并不奏效。

写在最后

“现在一切都取决于情感。”玛格丽特说，“情感，你不明白吗？”

E. M. 福斯特《霍华德庄园》

有很多优秀的学校和教师尊重和重视儿童，为他们提供合理有效的方案。这些计划不一定完全符合我们对儿童智力和社会发展的认识，但是，通过设计或本能，他们做了足够的积极工作。也有在太多的学校中，学生和教师不受重视，精神已经死亡或濒临死亡，我们对年轻思维的期望没有实现。原因很复杂，答案也不简单。在某些方面，我们已经迷失了方向。

雷蒙德·卡拉汉(Raymond Callahan)在《教育与效率崇拜》(*Education and the Cult of Efficiency*)(1962)中描述了20世纪初美国教育对工业类“效率”的追求，以及这条道路对学生和教师生活的破坏性后果。这种情况一直持续到今天。泰德·塞泽尔(Ted Sizer)在《贺拉斯的妥协》(*Horace's Compromise*)(1984)中指出了美国高中的许多普遍问题：统一性、无意识性、谈判的不活跃性、对学生的低期望值、对青少年的非人格化和缺乏尊重以及高中教师的负担。20世纪所削弱的部分是，记得儿童和他们的老师是人，需要某些人的支持和联系：尊重、自主、关怀、信任。没有适当的人际关系，精神就会枯萎凋谢。

我并不是说，每个读了这本书并寻求成为一名教师的人都需要把自己塑造成像皮亚杰和建构主义所建议的那样，这是不可能的。事实是，我们每个人都构建了自己的教育理论，并通过重构来修改。你已经有了一个教育理论(可能是基于你被教导的方式)，一个框架，你的行动是在这个框架内决定的。你的理论可能没有被阐明，但它就在那里。我希望阅读这本书能促使你对你的理论进行反思，并评估你对它的满意度。我们的个人理论在很多方面决定了我们的努力。教师如何建构理论在很大程度上决定了他们的行为。经典的例子就是在心理学流行多年的先天—后天争议。如果一个教师将智力(或在学校成功的能力)建构为固定的，她或他可能不会有动力去努力帮助一个在课堂上表现不佳而且已经有好多年不佳的学生。另一方面，如果教师认为智力是发展的，而不是固定的，那么他就更有可能有动力去帮助那些成绩差的学生。教师如何建构智力和学习的概念，他们的理论是什么，影响着他们的行动。教师对儿童在课堂上的表现的期望是来自他们的构建。

在皮亚杰的建构主义框架中，我发现很多东西让我对教育的未来充满希望。它并不包含所有的答案，它甚至不是一种教育理论。它能做的是帮助我们对儿童、对他们如何构建知识以及对情感和社会活动对发展的影响有一个更真实的理解。最终，我们希望我们的孩子能学会如何学习，对自己有信心，尊重他人，并对思想、物体和人感到负有责任。对于建构主义者来说，这不仅仅是每一代人重述上一代人的问题，还要超越它，希望能有更充分的社会适应；在社会变化和社会稳定之间达到平衡。米凯姆(1993)在讨论这个问题时，为建构主义提供了充分的理由：

当然，解决方案与皮亚杰的结构——发展理论完全一致，即个人对社会的认识的力量来自儿童为自己建构了社会这一事实，因此，儿童坚信、渴望甚至热爱他或她的社会……简而言之，社会不是通过代代相传的方式进行自我繁殖，而是通过每个新的一代为自己构建一个新的社会。由于儿童和随后的成年人都坚信自己的建构，因此，作为社会脆弱基础的认识结构所固有的危险可以得到实质性的遏制，因为个人会采取行动……维护和捍卫他或她自己的构建。(p. 259)

推荐阅读

PIAGETIAN THEORY

Brainerd, C. *Piaget's Theory of Intelligence.* Englewood Cliffs, N. J. : Prentice-Hall, 1978.

Flavell, J. *The Developmental Psychology of Jean Piaget.* New York: Van Nostrand, 1963.

Forman, G. , and D. Kuschner. *The Child's Construction of Knowledge: Piaget for Teaching Children.* Belmont, Calif. : Brooks-Cole, 1977.

Furth, H. *Piaget and Knowledge: Theoretical Foundations.* Chicago: University of Chicago Press. 1981.

Gallagher J. , and D. Reid. *The Learning Theory of Piaget and Inhelder.* Monterey, Calif. : Brooks-Cole, 1981.

Ginsburg, H. , and S. Opper. *Piaget's Theory of Intellectual Development*, 2nd ed. Englewood Cliffs, N. J. : Prentice-Hall, 1978.

Gruber, H. , and J. Vonèche, eds. *The Essential Piaget.* New York: Basic Books, 1977.

Kohlberg, L. *Child Psychology and Childhood Education: A Cognitive-Developmental View.* White Plains, N. Y. : Longman, 1987.

Piaget, J. *The Origins of Intelligence in Children.* New York: International Universities Press, 1952.

Piaget, J. Six *Psychological Studies.* New York: Vintage Books, 1967.

Piaget, J. *Genetic Epistemology.* New York: Columbia University Press, 1970.

Piaget, J. *Science of Education and the Psychology of the Child.* New York: Viking Press, 1970.

Piaget, J. *To Understand Is to Invent.* New York: Viking Press, 1973.

Piaget, J. *Intelligence and Affectivity: Their Relationship During Child Development.* Palo Alto, Calif.: Annual Reviews, 1981.

Piaget, J., and B. Inhelder. *The Psychology of the Child.* Translated by Helen Weaver. New York: Basic Books, 1969.

EDUCATION

Brooks, J., and M. Brooks. *In Search of Understanding: The Case for Constructivist Classrooms.* Alexandria, Va.: ASCD, 1993.

DeVries, R., and L. Kohlberg. *Programs of Early Education: The Constructivist View.* White Plains, N.Y.: Longman, 1987.

DeVries, R., and B. Zan. *Moral Classrooms, Moral Children: Creating a Constructivist Atmosphere in Early Education.* New York: Teachers College Press, 1994.

Duckworth, E. *The Having of Wonderful Ideas.* New York: Teachers College Press, 1987.

Elkind, D. *Child Development and Education: A Piagetian Perspective.* New York: Oxford University Press, 1976.

Forman, G., and F. Hill. *Constructive Play: Applying Piaget in the Preschool.* Monterey, Calif.: Brooks-Cole, 1980.

Fosnot, C. *Enquiring Teachers, Enquiring Learners: A Constructivist Approach to Teaching.* New York: Teachers College Press, 1989.

Furth, H. *Piaget for Teachers.* Englewood Cliffs, N.J.: Prentice-Hall, 1970.

Gallagher, J., and D. Reid. *The Learning Theory of Piaget and Inhelder.* Monterey, Calif.: Brooks-Cole, 1981.

Kamii, C. *Number in Preschool and Kindergarten.* Washington, D.C.: National Association for the Education of Young Children, 1982.

Kamii, C., and R. DeVries. *Physical Knowledge in Preschool Education: Implications of Piaget's Theory.* Englewood Cliffs, N.J.: Prentice-Hall, 1978.

Piaget, J. *Science of Education and the Psychology of the Child.* New York: Viking Press, 1970b.

Schwebel, M., and J. Raph, eds. *Piaget in the Classroom.* New York: Basic Books,

1973.

Shayer, M., and P. Adey. *Towards a Science of Science Teaching*. London: Heinemann, 1981.

Sheehan, D., ed. *Piaget: Educational Perspectives*. Oneonta, N. Y.: State University College at Oneonta, 1979.

Wadsworth, B. *Piaget for the Classroom Teacher*. White Plains, N. Y.: Longman, 1978.

ARITHMETIC/MATHEMATICS

Baroody, A. *Children's Mathematical Thinking*. New York: Teachers College Press, 1987.

Copeland, R. *How Children Learn Mathematics*, 2nd ed. New York: Macmillan, 1974.

Ginsburg, H. *Children's Arithmetic: The Learning Process*. New York: Van Nostrand, 1977.

Kamii, C. *Number in Preschool and Kindergarten*. Washington. D. C.: National Association for the Education of Young Children, 1982.

Kamii, C. *Young Children Reinvent Arithmetic*. New York: Teachers College Press, 1985.

Kamii, C. *Young Children Continue to Reinvent Arithmetic: 3rd Grade*. New York: Teachers College Press, 1994.

Labinowicz, E. *Learning from Children, New Beginnings for Teaching Numerical Thinking: A Piagetian Approach*. Menlo Park, Calif.: Addison-Wesley, 1985.

Piaget, J. *The Child's Conception of Number*. London: Humanities Press, 1952.

Piaget, J., B. Inhelder, and A. Szeminska. *The Child's Conception of Geometry*. New York: Basic Books, 1960.

Shifter, D., and C. Fosnot. *Reconstructing Mathematics Education*. New York: Teachers College Press, 1993.

SPECIAL NEEDS EDUCATION

Gallagher, J., and D. Reid. *The Learning Theory of Piaget and Inhelder*. Monterey,

Calif. : Brooks-Cole, 1981.

Inhelder, B. *The Diagnosis of Reasoning in the Mentally Retarded.* New York: John Day, 1968.

Reid, K. *Teaching the Learning Disabled: A Cognitive Developmental Approach.* Boston: Allyn and Bacon, 1988.

SOCIAL AND MULTICULTURAL ISSUES

Edwards, C. *Promoting Social and Moral Development in Young Children.* New York: Teachers College Press, 1986.

Furth, H. *The World of Grown-Ups.* New York: Elsevier, 1980.

Inhelder, B., and H. Chipman, eds. *Piaget and His School.* New York: Springer-Verlag, 1976.

Ramsey, P. *Teaching and Learning in a Diverse World.* New York: Teachers College Press, 1987.

Wadsworth, B. *Piaget for the Classroom Teacher.* White Plains, N. Y. : Longman, 1978.

MORAL REASONING

Cowan, P. *Piaget with Feeling.* New York: Holt, Rinehart and Winston, 1978.

DeVries, R. and B. Zan. *Moral Classrooms, Moral Children: Creating a Constructivist Atmosphere in Early Education.* New York: Teachers College Press, 1994.

Gilligan, C. "In a Different Voice: Women's Conception of Self and of Morality:" *Harvard Educational Review* 47(1977): 481-517.

Hersh, R., D. Paolitto, and J. Reimer. *Promoting Moral Growth: From Piaget to Kohlberg.* White Plains, N. Y. : Longman, 1979.

Kohlberg, L. *The Philosophy of Moral Development: Moral Stages and the Idea of Justice.* San Francisco: Harper & Row, 1981.

Lickona, T., ed. *Moral Development and Behavior: Theory, Research and Social Issues.* New York: Holt, Rinehart and Winston, 1976.

Lickona, T. *Educating for Character: How Our Schools Can Teach Respect and*

Responsibility. New York: Bantam, 1991.

Piaget, J. *The Moral Judgment of the Child*. New York: Free Press, 1965.

Piaget, J. *Six Psychological Studies*. New York: Vintage Books, 1967.

Piaget, J. *Intelligence and Affectivity: Their Relationship During Child Development*. Palo Alto, Calif.: Annual Reviews, 1981.

CLINICAL PSYCHOLOGY

Dupont, H. *Emotional Development, Theory and Applications: A Neo-Piagetian Perspective*. Westport, Conn.: Praeger, 1994.

Fast, I. *Event Theory: A Piaget-Freud Interpretation*. Hillsdale, N. J.: Erlbaum, 1985.

Greenspan, S. *Intelligence and Adaptation*. New York: International Universities Press, 1979.

Kegan, R. *The Evolving Self*. Cambridge, Mass.: Harvard University Press, 1982.

Kegan, R. *In Over Our Heads: The Mental Demands of Modern Life*. Cambridge: Harvard University Press, 1994.

Malerstein, A., and M. Ahern. *A Piagetian Model of Character Structure*. New York: Human Sciences Press, 1982.

Rosen, H. *Piagetian Dimensions of Clinical Relevance*. New York: Columbia University Press, 1985.

Weiner, M. *The Cognitive Unconscious: A Piagetian Approach to Psychotherapy*. Davis, Calif.: Psychological Press, 1975.

Wolff, P. "The Developmental Psychologies of Jean Piaget and Psychoanalysis." *Psychological Issues* 2. Monograph 5. New York: International Universities Press, 1960.

参考文献

Albert, R. "David Elkind: Going Beyond Piaget." *APA Monitor* 11(Nov. 1980).

Ashton-Warner, S. *Teacher* New York: Simon & Schuster, 1963.

Baroody, A. *Children's Mathematical Thinking.* New York: Teachers College Press, 1987.

Bearison, D. "Role of Measurement Operations in the Acquisition of Conservation." *Developmental Psychology 1*(1969): 653-60.

Bereiter, C., and S. Engleman. *Teaching Disadvantaged Children in the Preschool.* Englewood Cliffs, N. J.: Prentice-Hall, 1966.

Berry, J., and P. Dasen. *Culture and Cognitions: Readings in Cross-Cultural Psychology.* London: Methuen and Co., 1974.

Bloom, B. *Stability and Change in Human Characteristics.* New York: Wiley, 1964.

Bovet, M. "Piaget's Theory of Cognitive Development and Individual Differences." In *Piaget and His School*, edited by B. Inhelder and H. Chipman, New York: Springer-Verlag, 1976.

Brainerd, C. *Piaget's Theory of Intelligence.* Englewood Cliffs, N. J.: Prentice-Hall, 1978.

Bringuier, J. *Conversations with Jean Piaget.* Chicago: University of Chicago Press, 1980.

Brooks, J., and M. Brooks. *In Search of Understanding: The Case for Constructivist Classrooms.* Alexandria, Va.: ASCD, 1993.

Brown, T. Foreword. In *The Equilibration of Cognitive Structures*, by J. Piaget, translated by T. Brown and K. Thampy. Chicago: University of Chicago Press, 1985.

Brown, T. "The Biological Significance of Affectivity." In *Psychological and Biological Approaches to Emotion*, edited by N. Stein and T. Trabasso, pp. 405-34. Hillsdale, N. J.: LEA, 1990.

Brown, T., and L. Weiss. "Structures, Procedures, and Affectivity." *Archives de psychologie* 55 (1987): 59-94.

Callahan, R. *Education and the Cult of Efficiency*. Chicago: University of Chicago Press, 1962.

Carnegie Quarterly 23, no. 3(Summer 1975).

Carroll, J., and J. Rest. "Moral Development." In *Handbook of Developmental Psychology*, edited by B. Wolman. Englewood Cliffs, N. J.: Prentice-Hall, 1982.

Chall, J. *Stages of Reading Development*. New York: McGraw-Hill, 1983.

Clements, D. H. "Effects of Logo and CAE Environments on Cognition and Creativity." *Journal of Educational Psychology* 78(1986): 309-18.

Copeland, R. *How Children Learn Mathematics*, 2nd ed. New York: Macmillan, 1974.

Cowan, D. *Piaget with Feeling*. New York: Holt, Rinehart and Winston, 1981.

Crandall, V. C., W. Katovsky, and V. J. Crandall. "Children's Beliefs in Their Own Control of Reinforcements in Intellectual-Academic Achievement Situations." *Child Development* 36 (1965): 91-109.

Damon, W. "Conception of Positive justice as Related to the Development of Logical Operations." *Child Development* 46(1975): 301-12.

Dasen, P., ed. *Piagetian Psychology: Cross Cultural Contributions*. New York: Gardner, 1977.

Deci, E., R. Hodges, L., Pierson, and J. Tomassone. "Autonomy and Competence as Motivational Factors in Students with Learning Disabilities and Emotional Handicaps." *Journal of Learning Disabilities* 25(1992):457-71.

DeVries, R., and L. Kohlberg. *Programs of Early Education: The Constructivist View*. White Plains, N. Y.: Longman, 1987.

DeVries, R., and B. Zan. *Moral Classrooms, Moral Children: Creating a Constructivist Atmosphere in Early Education*. New York: Teachers College Press, 1994.

Dewey, J. *Interest and Effort in Education*. Edwardville: Southern Illinois Press. 1913.

Dewey, J. *Education and Experience*. New York: Colliers, 1963.

diSessa, A. A. "Phenomenology and the Evolution of Intuition." In *Mental Models*, edited by D. Gentner and A. Stevens, pp. 15-33. Hillsdale, N. J.: Erlbaum, 1983.

Drake, D., and B. Wadsworth. "Constructivist Theory and Learning Disabilities: Confluence and Disconnections." Paper presented at 43rd Annual Conference of the Orton Dyslexia Society, Cincinnati, Ohio, 1992.

Duckworth, E. "The Having of Wonderful Ideas." *Harvard Educational Review* 42(May 1972): 217-31.

Duckworth, E. "Either We're Too Early and They Can't Learn It, or We're Too Late and They Know It Already: The Dilemma of 'Applying Piaget,'" Pt. 2. *Genetic Epistemologist* 7, no. 4(1978):3-7.

Duckworth, E. *The Having of Wonderful Ideas*. New York: Teachers College Press, 1987.

Dupont, H. "Affective Development: Stage and Sequence(A Piagetian Interpretation)." In *Adolescents' Development and Education: A lanus Knot*, edited by R. L. Mosher. Berkeley: McCutchan, 1979.

Dupont, H. *Emotional Development, Theory and Applications: A Neo-Piagetian Perspective*. Westport. Conn.: Praeger, 1994.

Dweck, C., and E. Elliot. "Achievement Motivation." In *Handbook of Child Psychology*, vol. 4., edited by P. Mussen, pp. 643-91. New York: Wiley, 1983.

Easley, J. "Four Decades of Conservation Research." In *Knowledge and Development, Vol. 2, Piaget and Education*, edited by J. Gallagher and J. Easley, pp. 139-76. New York: Plenum, 1978.

Edelstein, W. "Development as the Aim of Education—Revisited." In *Effective and Responsible Teaching*, edited by F. Oser, A. Dick, J. Patry, pp. 161-72. San Francisco: Jossey-Bass, 1992.

Elkind, D. "Children's Discovery of the Conservation of Mass, Weight and Volume: Piaget's Replication Study Ⅱ." *Journal of Genetic Psychology* 98(1961a): 219-27.

Elkind, D. "Quality Conceptions in Junior and Senior High School Students." *Child Development* 32(1961b): 551-60.

Elkind, D: "Quantity Conceptions in College Students." *Journal of Social Psychology* 57 (1962): 459-65.

Elkind, D. "Egocentrism in Adolescence." *Child Development* 38(1967): 1025-34.

Elkind, D. "Cognitive Structures and Adolescent Experience." *Adolescence* 2 (1967-68): 427-34.

Elkind, D. "Giant in the Nursery." *New York Times Magazine* (May 26, 1968): 25-27 +.

Elkind, D. "Piagetian and Psychometric Conceptions of Intelligence." *Harvard Educational Review* 39 (1969): 319-37.

Elkind, D. *Child Development and Education: A Piagetian Perspective.* New York: Oxford University Press, 1976.

Elkind, D: "Is Piaget Passe in Elementary Education?" *Genetic Epistemologist* 7, no. 4 (1978): 1-2.

Elkind, D. "Stages in the Development of Reading." In *New Directions in Piagetian Theory and Practice*, edited by I. Sigel, D. Brodzinsky, and R. Golinkoff, pp. 267-80. Hillsdale, N. J.: Erlbaum. 1981.

Epstein, H. "Growth Spurts During Brain Development: Implications for Educational Policy and Practice." In *Education and the Brain*, edited by J. Chall and A. Mirsky, pp. 343-70. Chicago: University of Chicago Press, 1978.

Epstein, H. "Brain Growth and Cognitive Functioning." *Colorado Journal of Educational Research* 19 (Fall 1979): 3-4.

Erikson, E. *Childhood and Society.* New York: Norton, 1950.

Evans, R. *Jean Piaget: The Man and His Ideas.* New York: Dutton, 1973.

Ferreiro, E., and A. Teberosky. *Literacy Before Schooling.* Portsmouth, N. H.: Heinemann, 1982.

Flavell, J. The *Developmental Psychology of Jean Piaget.* New York: Van Nostrand, 1963.

Flavell, J. "The Uses of Verbal Behavior in Assessing Children's Cognitive Abilities." In *Measurement and Piaget*, edited by D. Green, M. Ford, and G. Flamer, pp. 198-204. New York: McGraw-Hill, 1971.

Forman, G., and D. Kuschner. *The Child's Construction of Knowledge: Piaget for Teaching Children.* Belmont, Calif.: Brooks-Cole, 1977.

Fosnot, C. *Enquiring Teachers, Enquiring Learners: A Constructivist Approach for Teaching.* New York: Teachers College Press, 1989.

Fowler, R. "Piagetian Versus Vygotskyian Perspectives on Development and Education." Paper presented at annual meeting of the American Educational Research Association, New Orleans, 1994.

Freud, A. *The Ego and the Mechanisms of Defense.* New York: International Universities Press, 1946.

Furth, H. *Piaget for Teachers.* Englewood Cliffs, N. J.: Prentice-Hall, 1970.

Furth, H: "The 'Radical Imagery' Underlying Social Institutions: Its Developmental Base." *Human Development* 33(1990): 202-13.

Gallagher, J. "Reflexive Abstraction and Education: The Meaning of Activity in Piaget's Theory." In *Knowledge and Development*, Vol. 2. *Piaget and Education*, edited by J. Gallagher and J. Easley, pp. 1-20. New York: Plenum, 1978.

Gallagher, J., and D. Reid. *The Learning Theory of Piaget and lnhelder.* Monterey, Calif.: Brooks-Cole, 1981.

Gardner, H. *Frames of Mind: The Theory of Multiple Intelligences.* New York: Basic Books, 1983.

Garner, R. "Self-Regulated Learning Strategy Shifts and Shared Expertise: Reactions to Palinezar and Klerk." *Journal of Learning Disabilities* 25(1992): 226-29.

Gelman, R. "Cognitive Development." *Annual Review of Psychology* 29(1978): 297-332.

Gilligan, C. "In a Different Voice: Women's Conception of Self and of Morality." *Harvard Educational Review* 47(1977): 481-517.

Ginsburg, H. *Children's Arithmetic The Learning Process.* New York: Van Nostrand, 1977.

Ginsburg, H., and S. Opper. *Piaget's Theory of Intellectual Development*, 2nd ed. Englewood Cliffs, N. J.: Prentice-Hall, 1978.

Goodnow, J., and G. Bethon. "Piaget's Tasks: The Effects of Schooling and Intelligence." *Child Development* 37(1966): 573-82.

Green, D., M. Ford, and G. Flamer, eds. *Measurement and Piaget.* New York: McGraw-Hill, 1971.

Greenfield, P. M. "On Culture and Conservation." In *Studies in Cognitive Growth*, edited by J. Bruner, R. Olver, and P. Greenfield, pp. 225-56. New York: Wiley, 1966.

Gruber, H. *Darwin on Man: A Psychological Study of Scientific Creativity*, 2nd ed. Chicago: University of Chicago Press, 1981.

Gruber, H., and J. Vonèche, eds. *The Essential Piaget*. New York: Basic Books, 1977.

Gruen, G. E. "Experiences Affecting the Development of Number Conservation in Children." *Child Development* 36(1965): 964-79.

Hall, G. *Adolescence*. 2 vols. New York: Appleton, 1908.

Harris, K., and S. Graham. "Constructivism: Principles, Paradigms, and Integration." *The Journal of Special Education* 28(1994): 233-47.

Heard, S., and B. Wadsworth. "The Relationship Between Cognitive Development and Language Complexity." Manuscript. Mount Holyoke College, May 1977.

Hersh, R., D. Paolitto, and J. Reimer. *Promoting Moral Growth: From Piaget to Kohlberg*. White Plains, N. Y.: Longman, 1979.

Hofmann, R. "Would You Like a Bite of My Peanut Butter Sandwich?" *Journal of Learning Disabilities*(Spring 1983): 174-77.

Hooper, I. H. "Piagetian Research and Education." In *Logical Thinking in Children: Research Based on Piaget's Theory*, edited by I. E. Sigel and F. H. Hooper, pp. 423-34. New York: Holt, Rinehart and Winston, 1968.

Hunt, J. McV. *Intelligence and Experience*. New York: Ronald, 1961.

Inhelder, B. *The Diagnosis of Reasoning in the Mentally Retarded*. New York: John Day, 1968.

Inhelder, B. "Outlook." In *Jean Piaget: Consensus and Controversy*, edited by S. Modgil and C. Modgil. New York: Holt, Rinehart and Winston, 1982.

Inhelder, B., and H. Chipman. eds. *Piaget and His School*. New York: Springer-Verlag, 1976.

Inhelder, B., and J. Piaget. *The Growth of Logical Thinking from Childhood to Adolescence*. Translated by Anne Parsons and Stanley Pilgram. New York: Basic Books, 1958.

Inhelder, B., and J. Piaget. *The Early Growth of Logic in the Child*. London:

Routledge and Kegan Paul, 1964.

Kagan, J. *Carnegie Quarterly* 23, no. 3(Summer 1975).

Kagan, J. "Emergent Themes in Human Development." *American Scientist* 64, no. 2 (MarchApril 1976): 186-96.

Kagan, J. "Jean Piaget's Contributions." *Phi Delta Kappan*(Dec, 1980): 245-46.

Kamii, C. "Autonomy as the Aim of Education: Implications of Piaget's Theory." In *Number in Preschool and Kindergarten*, by C. Kamii, pp. 73-87. Washington, D. C.: National Association for the Education of Young Children, 1982.

Kamii, C. "Autonomy: The Aim of Education Envisioned by Piaget." *Phi Delta Kappan* 65, no. 6(1984): 410-15.

Kamii, C. *Young Children Reinvent Arithmetic.* New York: Teachers College Press, 1985.

Kamii, C. *Young Children Continue to Reinvent Arithmetic: 3rd Grade.* New York: Teachers College Press, 1994.

Kamii, C., B. Clark, and A. Dominick. "The Six National Goals: A Road to Disappointment." *Phi Delta Kappan* 76(1994): 672-77.

Kamii, C., and R. DeVries. *Physical Knowledge in Preschool Education: Implications of Piaget's Theory.* Englewood Cliffs, N. J.: Prentice-Hall, 1978.

Kegan, R. *The Evolving Self.* Cambridge, Mass.: Harvard University Press, 1982.

Kegan, R. *In Over Our Heads: The Mental Demands of Modern Life.* Cambridge: Harvard University Press, 1994.

Kohlberg. L. "The Development of Modes of Moral Thinking and Choice in the Years Two to Sixteen." Ph. D. dissertation, University of Chicago, 1958.

Kohlberg, L. "Early Education: A Cognitive-Developmental View." *Child Development* 39 (1968a): 1013-63.

Kohlberg, L. "The Montessori Approach to Cultural Deprivation: A Cognitive Development Interpretation and Some Research Findings." In *Preschool Education, Theory, Research, and Action*, edited by R. Hess and R. Bear, pp. 105-18. Chicago: Aldine, 1968b.

Kohlberg, L. "Stage and Sequence: The Cognitive-Developmental Approach to

Socialization." In *Handbook of Socialization Theory and Research*, edited by D. Goslen, pp. 347-408. Chicago: Rand McNally, 1969a.

Kohlberg, L. *Stages in the Development of Moral Thought and Action.* New York: Holt Rinehart and Winston, 1969b.

Kohlberg, L. "Moral Stages and Moralization: The Cognitive-Developmental Approach." In *Moral Development and Behavior: Theory, Research and Social Issues*, edited by T. Lickona. New York: Holt, Rinehart and Winston, 1976.

Kohlberg, L., *Child Psychology and Childhood Education: A Cognitive-Developmental View.* White Plains, N. Y.: Longman, 1987.

Kohlberg, L., and R. Mayer. "Development as the Aim of Education." *Harvard Educational Review* 42. no. 4(Nov, 1972): 449-96.

Kuhn, D., N. Langer, L. Kohlberg, and N. Hann. "The Development of Formal Operations in Logical and Moral Judgment." *Genetics Psychology Monograph* 95(1977): 115.

L'Abate, L. "Frequency of Citation Study in Child Psychology Literature." *Child Development* 40(1968): 87-92.

Labinowicz, E. *Learning from Children: New Beginnings for Teaching Numerical Thinking: A Piagetian Approach.* Menlo Park, Calif.: Addison-Wesley, 1985.

Langer, J. *Theories of Development.* New York: Holt, Rinehart and Winston, 1969.

Lawler, R. W. *Computer Experience and Cognitive Development: A Child's Learning in a Computer Culture.* New York: Halsted Press, 1985.

Lester, J. "Piaget and Vygotsky," unpublished manuscript, 1994.

Liberman, I., and A. Liberman. "Whole Language vs. Code Emphasis: Underlying Assumptions and Their Implications for Reading Instruction." *Readings for Educators*, pp. 51-76. Baltimore, Md.: The Orton Dyslexia Society, 1991.

Meacham, J. "Where is the Social Environment? A Commentary on Reed." *Development in Context: Acting and Thinking in Specific Environments*, edited by R. Wozniak and K. Fisher, pp. 255-68. Hillsdale, N. J.: Erlbaum, 1993.

Mermelstein, E., and L. Schulman. "Lack of Formal Schooling and the Acquisition of Conservation." *Child Development* 38(1967):39-52.

Neimark, E. "Adolescent Thought: Transition to Formal Operations." In *Handbook of*

Developmental Psychology, edited by B. Wolman. Englewood Cliffs, N. J. : Prentice-Hall, 1982.

Noddings, N. *The Challenge to Care in Schools.* New York: Teachers College Press, 1992.

Overton, W., and J. Newman. "Cognitive Development: A Competence-Activation/Utilization Approach." In *Review of Human Development*, edited by T. Field et al., pp. 217-41. New York: Wiley, 1982.

Palinczar, A., and L. Klerk. "Fostering Literary Learning in Supportive Contexts." *Journal of Learning Disabilities*, 25(1992): 211-25 +.

Papert, S. *Mindstorms: Children, Computers, and Powerful Ideas.* New York: Basic Books, 1980.

Pea, R., and D. Kurland. "On the Cognitive and Educational Benefits of Teaching Children Programming: A Critical Look." *New Ideas in Psychology* 1(1984a).

Pea, R., and D. Kurland. "On the Cognitive Effects of Learning Computer Programming." *New Ideas in Psychology* 2(1984b): 137-68.

Phillips, J. *The Origins of Intellect: Piaget's Theory.* 2nd ed. San Francisco: Freeman, 1969.

Piaget, J. *Recherche.* Lausanne, Switzerland: La Concorde, 1918.

Piaget, J. *The Language and Thought of the Child.* New York: Harcourt Brace Jovanovich, 1926.

Piaget, J. *Judgment and Reasoning of the Child.* New York: Harcourt Brace Jovanovich, 1928.

Piaget, J. *The Child's Conception of Physical Causality.* New York: Harcourt Brace Jovanovich, 1930.

Piaget, J. *The Child's Conception of Number.* London: Humanities Press, 1952a.

Piaget, J. "Autobiography." In *History of Psychology in Autobiography*, edited by E. G. Boring et al., pp. 237-56. Worcester, Mass.: Clark University Press, 1952b.

Piaget, J. *The Origins of Intelligence in Children.* New York: International Universities Press. 1952c.

Piaget, J. *The Construction of Reality in the Child.* Translated by Margaret Cook. New

York: Basic Books, 1954.

Piaget, J. "The Genetic Approach to the Psychology of Thought." *Journal of Educational, Psychology* 52(1961): 275-81.

Piaget, J. *Play, Dreams and Imitation in Childhood.* New York: Norton, 1962a.

Piaget, J. "Will and Action: *Bulletin of the Menninger Clinc*, 26(1962b):138-45.

Piaget, J. *The Child's Conception of the World.* Paterson, N. J.: Littlefield, Adams, 1963a.

Piaget, J. "Problems of the Social Psychology of Childhood." Translated by T. Brown and M. Gribetz. Manuscript. Originally published in *Traité de sociologie*, edited by G. Gurvitch, pp. 229-54. Paris: Presses Universitaires de France, 1963b.

Piaget, J. *The Psychology of Intelligence.* Paterson, N. J.: Littlefield, Adams, 1963c.

Piaget, J. "Three Lectures." In *Piaget Rediscovered*, edited by R. E. Ripple and U. N. Rockcastle. Ithaca, N. Y.: Cornell University Press, 1964.

Piaget, J. *The Moral Judgment of the Child.* New York: Free Press, 1965.

Piaget, J. *Six Psychological Studies.* New York: Vintage Books, 1967.

Piaget, J. *The Mechanisms of Perception.* New York: Basic Books, 1969.

Piaget, J. *Genetic Epistemology.* New York: Columbia University Press, 1970a.

Piaget, J. *Science of Education and the Psychology of the Child.* New York: Viking Press, 1970b.

Piaget, J. "The Theory of Stages in Cognitive Development." In *Measurement and Piaget*, edited by D. Green, M. Ford, and G. Flamer, pp. 1-7. New York: McGraw-Hill, 1971.

Piaget, J. "Intellectual Evolution from Adolescence to Adulthood." *Human Development* 15(1972a): 1-12.

Piaget, J. *The Principles of Genetic Epistemology.* New York: Basic Books, 1972b.

Piaget, J. *To Understand Is to Invent.* New York: Viking Press. 1973.

Piaget, J. "Need and Significance of Cross-Cultural Studies in Genetic Psychology." In *Cultures and Cognition: Readings in Cross-Cultural Psychology*, edited by J. Berr and P Dasen, pp. 299-309. London: Methuen, 1974a.

Piaget, J. *Understanding Causality.* New York: Norton, 1974b.

Piaget, J. "The Affective Unconscious and the Cognitive Unconscious." In *Piaget and His School*, edited by B. Inhelder and H. Chipman, pp. 63-71. New York: Springer-Verlag, 1976.

Piaget, J. *The Development of Thought: Equilibrium of Cognitive Structures.* New York: Viking, 1977a.

Piaget, J. "Problems in Equilibration." In *Topics in Cognitive Development*, Vol. 1, *Equilibration: Theory, Research and Application*, edited by M. Appel and L. Goldberg, pp. 3-13. New York: Plenum, 1977b.

Piaget, J. *Les formes élémentaires de la dialectique.* Paris: Gallimard, 1980.

Piaget, J. "Creativity." In *The Learning Theory of Piaget and Inhelder*, edited by J. Gallagher and K. Reid, pp. 221-29. Monterey, Calif: Brooks-Cole, 1981a.

Piaget, J. *Intellgence and Affectivity: Their Relationship During Child Development.* Palo Alto, Calif.: Annual Reviews, 1981b.

Piaget, J., and B. Inhelder. The *Child's Conception of Space.* London: Routledge and Kegan Paul, 1956.

Piaget, J., and B. Inhelder. *The Psychology of the Child.* Translated by H. Weaver. New York: Basic Books, 1969.

Piaget, J., B. Inhelder, and A. Szeminska. *The Child's Conception of Geometry.* New York: Basic Books, 1960.

Pinard, A., and M. Laurendeau. "A Scale of Mental Development Based on the Theory of Piaget: Description of a Project." *Journal of Research in Science Teaching* 2(1964): 253-60.

Pulaski, M. *Understanding Piaget.* New York: Harper & Row, 1971.

Ramsey, P. *Teaching and Learning in a Diverse World.* New York: Teachers College Press, 1987.

Reid, K., and Hresko, W. *A Cognitive Approach to Learning Disabilities.* Austin, Tex.: Pro-Ed, 1981.

Resnick, L. "Constructing Knowledge in Schools." In *Development and Learning: Conflict or Congruence*, edited by L. Liben, pp. 19-50. Hillsdale, N. J.: Erlbaum, 1987.

Rosenthal, R., and L. Jacobson. *Pygmalion in the Classroom.* New York: Holt,

Rinehart and Winston, 1968.

Schifter, D., and C. Fosnot. *Reconstructing Mathematics Education.* New York: Teachers College Press, 1993.

Schwebel, M. "Formal Operations in First Year College Students." *Journal of Psychology* 91, no. 1(Sept. 1975): 133-41.

Schwebel, M., and J. Raph, eds. *Piaget in the Classroom.* New York: Basic Books, 1973.

Selman, R. L. "The Relation of Role-Taking to the Development of Moral Judgment in Children." *Child Development* 42(1971): 59-91.

Selman, R. L. "Social-Cognitive Understanding: A Guide to Educational and Clinical Practice." In *Moral Development and Behavior: Theory, Research and Social Issues*, edited by T. Lickona. New York: Holt, Rinehart and Winston, 1976.

Shayer, M., and P. Adey. *Towards a Science of Science Teaching.* London: Heinemann, 1981.

Sheehan, D., ed. *Piaget: Educational Perspectives.* Oneonta, N. Y.: State University College at Oneonta, 1979.

Sigel, I. E. "The Attainment of Concepts." In *Review of Child Development Research*, Vol. 1, edited by M. L. Hoffman and L. V. Hoffman, pp. 209-48. New York: Russell Sage Foundation, 1964.

Sigel, I. E., and F. H. Hooper, eds. *Logical Thinking in Children: Research Based on Piaget's Theory.* New York: Holt, Rinehart and Winston, 1968.

Sinclair, H. "Piaget's Theory of Development: The Main Stages." In *Piagetian Cognitive-Development Research and Mathematical Education*, edited by M. Rosskopf, L. Steffe, and S. Taback. Washington. D. C.: National Council of Teachers of Mathematics. 1971.

Sinclair, H. "Conflict and Congruence in Development and Learning." In *Developmental Learning: Conflict or Congruence*, edited by L. Liben, pp. 1-17. Hillsdale, N. J.: Erlbaum, 1987.

Sizer, T. *Horace's Compromise.* Boston: Houghton Mifflin, 1984.

Smedslund, J. "The Acquisition of Conservation of Substance and Weight in Children." In *Readings in Child Development and Behavior*, edited by G. Stendler. New York: Harcourt

Brace Jovanovich, 1964.

Sullivan, E. V. "Computers, Culture and Educational Futures: A Meditation on Mindstorms." *Interchange* 16(1985): 1-18.

Tursman, C. "Computers in Education." *School Administrator*(April 1982).

Uzgiris, I. "Situational Generality of Conservation." In *Logical Thinking in Children*, edited by I. E. Sigel and F. H. Hopper, pp. 40-52. New York: Holt, Rinehart and Winston, 1968.

Vail, P. *Smart Kids with School Problems.* New York: Dutton, 1987.

Vygotsky, L. *Thought and Language.* Cambridge: MIT Press, 1962.

Wadsworth, B. "The Effect of Peer Group Social Interaction on the Conservation of Number Learning in Kindergarten Children." Ed. D. dissertation, State University of New York at Albany, 1968, p.7.

Wadsworth, B. *Piaget for the Classroom Teacher.* White Plains, N. Y.: Longman, 1978.

Wadsworth, B. "Piaget's Concept of Adaptation and Its Value to Educators." In *Piagetian Theory and the Helping Professions*, pp. 210-15. Eighth Annual Conference Proceedings. Los Angeles: University of Southern California, 1979.

Wadsworth, B. "Misinterpretations of Piaget's Theory." *Impact on Instructional Improvement*, 16(1981): 1-11.

Wadsworth, B., and J. Cody. "Frequency of Citation in *Child Development* in 1974." Manuscript. South Hadley, Mass.: Mount Holyoke College. n. d.

Wadsworth, B., and K. Page. "The Relationship Between Choice of Major and Type of Moral Reasoning." Manuscript, 1987.

Wallach, L., J. Wall, and L. Anderson. "Number Conservation: The Roles of Reversibility, Addition, Subtraction, and Misleading Perceptual Cues." *Child Development* 38(1967):425-42.

Wohlwill, J., and R. Lowe. "Experimental Analysis of the Development of Conservation of Number." *Child Development* 33(1962):153-68.

Wright, D. "Piaget's Theory of Moral Development." In *Jean Piaget: Consensus and Controversy*, edited by S. Modgil and C. Modgil, pp. 204-14. New York: Praeger, 1982.

Youniss, J., and W. Damon. "Social Construction in Piaget's Theory." In *Piaget's Theory: Prospects and Possibilities*, edited by H. Beilin and P. Pufall, pp. 267-86. Hillsdale, N. J.: Erlbaum, 1992.

Zimiles, H. "The Development of Differentiation and Conservation of Number." *Monograph Society for Research in Child Development* 31(1966): 8.

Zimmerman, B. "Commentary." *Human Development*, 36(1993): 82-86.